U0394155

纺织服装高等教育"十二五"部委级规划教材

高职高专染整类项目教学系列教材

染整助剂应用（2版）

RANZHENG ZHUJI YINGYONG

贺良震   编著
季　媛

东华大学出版社

内容提要

　　染整助剂应用技术是染整技术的重要组成部分，是高职院校染整技术专业助剂应用方向的主干课程。本书以纺织品染整加工的工作过程为依托，以染整助剂典型产品应用为主线，以项目课程形式逐渐展开染整助剂应用相关知识，系统地介绍了前处理助剂、染色助剂、印花助剂和后整理助剂的应用方法和检测方法。在每个项目的最后给出了复习指导，归纳和总结了本项目的相关内容，并为读者拓展职业知识提供了阅读资料。

　　本书为纺织类高职院校染整技术专业染整助剂应用课程的教材，也可供印染行业的工程技术人员、助剂检测人员和营销人员参阅。

图书在版编目(CIP)数据

染整助剂应用/贺良震,季媛编著.—2版.—上海：

东华大学出版社,2013.7

ISBN 978-7-5669-0333-4

Ⅰ.①染...　Ⅱ.①贺...②季...　Ⅲ.染整—印染助

剂—高等职业教育—教材　Ⅳ.TS190.2

中国版本图书馆 CIP 数据核字(2013)第 174339 号

责任编辑：张　静
封面设计：李　博

出　　　版：东华大学出版社出版(上海市延安西路 1882 号,200051)
本 社 网 址：http://www.dhupress.net
天猫旗舰店：http://dhdx.tmall.com
营 销 中 心：021-62193056　62373056　32379558
印　　　刷：苏州望电印刷有限公司印刷
开　　　本：787 mm×1 092 mm　1/16
印　　　张：11.25
字　　　数：281 千字
版　　　次：2013 年 7 月第 2 版
印　　　次：2013 年 7 月第 1 次印刷
书　　　号：ISBN 978-7-5669-0333-4/TS・420
定　　　价：28.00 元

前　言

在纺织品染整加工过程中,染整助剂不仅可以稳定和提高加工质量,还可以赋予产品更多的特殊性能。这些为促进染整行业的发展和纺织服装产品的出口起到了重要作用。染整助剂应用技术是纺织品染整加工的综合技术,该技术以系统研究染整助剂的作用机理、使用方法、基本性能和检测方法为重点内容,是纺织类高职院校染整技术专业的主干课程。该课程以"染整助剂基础"和"染整概论"为先导课程,是染整技术专业助剂应用方向的核心课程。

南通纺织职业技术学院染化系于 2005 年开设了染整技术专业助剂应用方向,在近年的教学实践中不断探索适合高职院校学生学习特点的课程改革新思路,组织人力积极编写适合染整技术专业各专业方向发展的新教材。本书就是在这样的背景下产生的。在编写过程中,作者尝试着按照"项目课程"的基本要求,试图通过"项目引领和任务驱动"来突显典型助剂在纺织品染整加工过程中的重要作用。

在组织本书相关内容时,重点参考了刘国良老师的《染整助剂应用测试》、罗巨涛老师的《染整助剂基础及应用》和王祥荣老师的《纺织印染助剂生产与应用》等著作。在内容设置上主要包括前处理助剂应用、染色助剂应用、印花助剂应用和整理助剂应用等四部分。"项目1:绪论"可作为本课程的选学内容。在编写过程中,项目1、项目2、项目3和项目5,由南通纺织职业技术学院的贺良震老师编写,项目4和附录由南通纺织职业技术学院的季媛老师编写。全书由贺良震老师统稿。

本书在编写过程中得到了多方的关心和指导,并参阅和引用了国内许多知名专家和学者的专著。书中列出的染整助剂应用实例,主要由杭州美高颐华化工有限公司提供素材。南通纺织职业技术学院的沈志平教授也为本书的编写提供了许多建设性的意见。在此一并向他们致意并表示衷心的感谢。

由于编者水平有限,书中的缺点和错误难免,欢迎批评指正。

编者

课程设置指导

课程名称　染整助剂应用

适用专业　纺织类高职高专院校染整技术专业

总 学 时　64　**理论教学时数**　46　**实践教学时数**　18

课程性质　本课程为纺织类高职高专院校染整技术专业的染整助剂应用课程,可作为必修课或选修课。

课程目的

1.让学生知道各种常用助剂在纺织品染整加工中所起的作用。

2.让学生知道常用染整助剂的使用方法。

3.让学生知道各种常用助剂的基本性能。

4.让学生学会检测典型染整助剂的简便方法。

课程教学基本要求　教学环节包括课堂教学、实验、作业和考试。通过各教学环节,重点培养学生对染整助剂应用和检测方法的理解、运用和实验技能的训练。

1.理论教学:在讲授各种助剂的基本作用机理、分类方法、检测方法的过程中,采用启发、引导的方式进行教学,举例说明各种常见染整助剂在生产实际中的应用,并通过阅读资料补充和拓展染整助剂应用技术的相关知识。

2.实践教学:本课程的实践教学以实验为主,以专项实训为辅。在学生研修过"染整助剂基础"、"印染厂认识实习"和"染整概论"等课程以后,本课程的实践教学以染整助剂应用方法、基本性能检测和助剂性能比较为重点。染整专业实验室可以满足实践教学的要求。通过实践教学,提高学生理论联系实际的能力。有条件的学校也可在本课程结束后安排相关的专项技能培训,其主要内容为染整助剂应用的综合实训。实训时间为一周,由学生自行拟定题目,经指导教师同意后可开展染整助剂应用测试中相对复杂的测试项目。测试完成后,可以把综合测试报告作为本次专项实训的考核依据,也可把专项实训考核成绩纳入本课程的总评成绩。

3.作业:每个项目完成之后都给出了若干思考题,每次实验都给出了讨论题,以便尽量系统地反映各项目的重点,促进学生复习本课程的有关内容。

4.考核:采用平时测验、期末考试和实验考核等方式进行比较全面的考核。平时测验和期末考试以闭卷笔试为主,题型主要包括名词解释、填空题、判断题、简答题、讨论题和计算题。每次实验要求学生们必须独立设计,可通过分组协作的方式完成实验过程。通过实验报告撰写、实验数据分析和实验结果讨论,判定学生的实验设计能力和实验过程的准确性。

教学环节学时分配建议表

项　目	讲授内容	课堂教学学时	实践教学学时
项目1	绪　论	2	
项目2	前处理助剂应用	10	4
项目3	染色助剂应用	10	4
项目4	印花助剂应用	8	4
项目5	整理助剂应用	14	6
平时测验		2	
合　计		46	18

专项实训环节学时分配建议表

内　容	讲授内容	学时安排	责任落实方式
任务1	布置实训,说明要求	1	指导教师集中讲授
任务2	学生自行设计综合实验方案	3	学生查阅资料,自行设计方案
任务3	指导教师审核与点评方案	2	指导教师集中讲授
任务4	根据方案进行综合实验	14	学生在实验室、实训室进行试验
任务5	撰写专项实训报告	4	由学生独立完成
任务6	评审专项实训报告		由指导教师完成
合计学时为24,学生在实验过程中指导教师需全程陪同。			

目　录

项目 1：染整助剂应用基础

本项目要求：
    1. 让学生知道本门课程的主要内容及考核方法；
    2. 让学生知道学习本课程的主要方法；
    3. 回顾表面活性剂重要的基本概念；
    4. 阅读相关知识拓展资料。

    染整加工的目的，不仅要使纺织品获得坚固鲜艳的颜色，还要赋予纺织品一定的性能。为了保证染色品质，不仅需要在前处理阶段加入精练剂、退浆剂、分散剂，还需要在染色阶段加入匀染剂。为了改善和提高产品性能，通常都需要对织物进行后整理加工，如硬挺整理、柔软整理、吸湿整理、防水整理、阻燃整理、抗紫外整理等等。这些整理往往是通过整理剂来实现其加工目的的。如上所述的精练剂、匀染剂、整理剂等，都属于染整助剂。

    按照课程标准要求，本课程考核的主要内容包括出勤、课堂提问、平时测验、平时作业、实验过程和实验报告、期末考试等六个方面。其中平时出勤占总成绩的 5%，平时作业占 5%，课堂提问占 5%，实验设计占 9%，实验过程占 9%，实验报告占 9%，平时测验占 10%，期末考试占 48%。在平时实验和专项实训中有突出表现的学生，可适当加分。

    本课程是染整技术专业的一门专业主干课程，是在系统地学习完《染整助剂基础》和《染整概论》等专业课程以后才开始学习的一门综合技术课程，具有很强的专业实用性，对于拓展学生的未来职业发展空间、直接对接职业岗位群、适应工作岗位、培养综合能力和职业素养，都具有重要意义。染整助剂的应用是紧紧围绕纺织品染整加工逐渐展开的，因此，学习本门课程不能把染整助剂的应用与染整工艺实施割裂开来。只有紧密地结合染整工艺来研究染整助剂的应用，才能较好地完成本门课程的学习。因此，围绕纺织品加工的工艺流程、工艺条件、工艺配方和工艺设备等四个方面学习染整助剂的应用，仍然是本门课程的主要学习方法。在上述四个方面中，工艺条件和工艺配方这两个方面对于学好本门课程显得更加重要。

    本门课程是综合应用技术，实验在本门课程中占有重要地位。为了学会各种染整助剂的应用，比较和测试某些染整助剂的基本性能和使用效果，需要设计实验方案，并通过具体的实验过程来验证方案的合理性。在实验中调整实验方案，在实验报告中真实地体现实验方案的改进和实验结果的讨论，是培养学生综合能力的重要手段。因此，重视每一次染整助剂应用实验，不仅要重视实验方案设计，重视实验过程，还要重视实验报告的完成情况。

任务1:染整助剂应用基本要求

教学要求与重点:

让学生知道染整加工中对助剂应用的基本要求。

如前所述,纺织品染整加工中大量使用染整助剂。在使用这些染整助剂时,必须提出最基本的要求。对染整助剂应用的基本要求主要包括以下几个方面。

(1) 舒适性

赋予织物舒适性是对染整助剂的基本要求。柔软性、回弹性、透气性、吸湿排汗性,都是舒适性的具体体现。无论是针织物还是机织物,无论是内衣还是外衣,无论是工作装还是休闲装,若能给着装者以棉织物般干爽的触感,那将使着装者感到非常舒服。

(2) 防护性

赋予织物新的性能是对染整助剂的第二个基本要求。比如阻燃性、防水性、防尘性、抗皱性,都是某些纤维本身不具备的性能。作为消防官兵的防护服,不仅要具备良好的阻燃性,还要具备优良的吸湿排汗性和抗皱性。

(3) 简便性

加工工艺简单方便,具有稳定的再现性,加工设备比较简单,是对染整助剂的另一个基本要求。操作简便,可充分利用现有染整设备实现工艺目的,与常规工艺路线重合性比较好,工艺条件和工艺配方不复杂,就意味着加工效率比较高。

(4) 大众性

所用染整助剂的价格不高,被工厂接受的可能性就会增加。适中的价格同样意味着在提高纺织品附加性能的同时,产品的价格上升不多,唯如此才容易被广大消费者所接受。具有广阔市场前景的产品,才可能具有生命力。

(5) 持久性

整理效果的持久性,是维护消费者合法权益的主要体现。洗涤家用纺织品和服装,是保持纺织品清洁的主要方法。耐水洗性,是保持整理持久性的主要指标。水洗30次以上,整理特性若还能保持80%以上,那将是非常令人鼓舞的。

(6) 环保性

整理过程中对环境影响小,整理以后对消费者健康的影响小,是对染整助剂具有环保性的具体体现。整理剂的环保性、无毒性,是保证上述性能的基础。乳化剂APEO(烷基酚聚氧乙烯醚)是欧盟Eco-Labe标准和Oeko-Tex标准100中明令禁用的乳化剂。甲醛含量和禁用染料等问题,都是业内人士讨论的热点话题。

任务2:染整助剂应用分类

教学要求与重点:
让学生知道染整助剂应用的分类方法。

纺织品染整加工主要分为纺织品前处理、纺织品染色、纺织品印花和纺织品整理。围绕纺织品染整加工的工序分类,也可以把染整助剂的应用分类分成前处理助剂、染色助剂、印花助剂和整理助剂。通常,纺织品整理助剂也被称作纺织品的后整理剂。有时,染整助剂也被称作印染助剂。还有些染整助剂经常出现在比较特殊的加工场合,如涤纶强捻机织物碱减量加工的减量促进剂、莱赛尔纤维抛光用的纤维素酶,既可以单独地列为染整助剂的其他类型,也可以列入前处理助剂行列。本书以染整助剂的应用工序为其分类的主要依据。虽然纺织品染整加工中使用的酸、碱、盐、氧化剂、还原剂等染化药剂也属于染整助剂的范畴,但在讲解相关染整助剂应用技术时,将以表面活性剂的应用为主要内容,以染化药剂的应用为辅助内容。

1. 前处理助剂

纺织品染整加工的前处理工序,其主要作用就是除杂。对于棉织物来说,前处理也叫做练漂。就棉织物坯布而言,织物表面的杂质主要有浆料、纤维素衍生物、油迹和污迹等等。所以需要退浆剂、净洗剂、润湿剂、漂白剂、螯合分散剂、双氧水稳定剂等等。为了增加丝光效果,在棉织物丝光时可加入丝光渗透剂,以进一步均衡棉纤维内部的结晶度,以此来提高染色的均匀性和染深性。

棉织物磨毛产品的生物酶抛光、莱赛尔纤维制品的抛光、棉织物的酶退浆,都需要使用酶制剂。所以,酶制剂在本书中被列为前处理助剂。最早出现的莱赛尔纤维纺织品在水中能够产生自身原纤化现象。一般情况下,人们把莱赛尔纤维制品在染色前第一次出现的原纤化现象叫做初级原纤化。在加工过程中,莱赛尔纤维制品的初级原纤化必须充分,否则染色过程中的湿加工状态会使织物产生二次原纤化,使织物表面充满长短不一的绒毛,严重影响莱赛尔纤维制品的品质。充分的初级原纤化需要较苛刻的工艺条件来实现。延长时间、提高温度、增加碱浓度等,都是常规的技术手段。但充分的原纤化也可能给织物表面带来明显的擦伤。除了提高加工设备内壁的光洁程度以外,在原纤化过程中加入浴中柔软剂是较常见的有效方法。在此,浴中柔软剂出现在新型面料加工的前处理阶段,此时的浴中柔软剂可算作前处理助剂。

2. 染色助剂

为了保证纺织品染色品质,需要在染色时加入适量助剂。加入的助剂主要是为了提高匀染性,防止色花,减少染料迹和染料点,避免织物与染色设备擦伤,减少色差。通常的染色助剂有匀染剂、分散剂、扩散剂、防泳移剂、浴中柔软剂等。通俗地说,在染色过程中加入的助剂都可以称作染色助剂。间歇式绳状染色时,如果染缸内织物长度过长,织物循环一周的时间就会相对较长,织物浸渍在染液中的时间也会相对较长。适当增加织物浸渍时间可以提高染深性,但在保证染深性的同时必须保证匀染性,这是对染色工序的基本要求。保持染料在染液中均匀分散是保证织物匀染性的前提条件之一。市售的商品染料中都不同程度地含有分散剂、扩散剂等染料添加剂。商品染料中添加剂的比例越高,染料的力分相对越低。染料中添加剂的主要作用就是提高染料在染液中的分散均匀性,这样可以降低染料聚集的机会,增加染料的水溶性,减少染料点和色花。

虽然染料添加剂可以提高匀染性,但为了保证染色品质,降低染色疵点出现的机会,染色加工时通常会另外加入适量的染色助剂,以进一步提高染品品质。匀染剂是使用最多的染色助剂。能够起到匀染效果的其他助剂在染色时也可以使用,如平平加 O 等。连续式染色方法在棉织物染色加工中较常见,俗称长车轧染。浸轧以后的预烘和焙烘是染料在高温下向织物内部渗透的关键工序。如果烘房内部温度相差较大,那么织物表面水分蒸发的速度也可能相差较大,导致织物表层的染料随水分蒸发速率的不同而出现不均匀现象,最终导致织物表面的色差和色花。为了杜绝染料随水分增发速率不同而出现的"泳移"现象,需要在染液中加入防泳移剂。

间歇式平幅卷染也是轻薄织物常见的染色方法,特别适合小批量多品种的市场要求。平卷缸是平幅卷染的主要设备,染色时浴比较低,通常为 1∶4 到 1∶6 之间,是常规染色中浴比最低的染色方法。这样低的浴比并不高于气流染色设备的染色浴比,因此,由于平卷缸染色较省水,非常适合目前节能减排的环保要求,所以平幅卷染设备的数量近年来逐渐呈现上升趋势。正是因为平幅卷染的浴比较低,所以,染色时染料在染液中的浓度相对于其他染色方法更高。因此,平幅卷染时也需要在染液中适当添加分散剂,降低染料聚集,提高染品品质。

前面提到过莱赛尔纤维制品的二次原纤化发生在染色阶段。为了降低莱赛尔纤维制品在二次原纤化过程中因染色设备与织物之间的摩擦而于织物表面产生的擦伤,染色时也应在染液中加入适量浴中柔软剂。按照上文对染整助剂的分类习惯,此时的浴中柔软剂则属于染色助剂。

随着染整技术的发展和新型染整助剂的不断涌现,有些在传统的后整理阶段的整理加工可以提前到染色阶段。比如说涤纶织物的吸湿整理,就可以将吸湿整理剂于染色阶段加入染液中,也可使涤纶织物获得良好的吸湿效果。此时的吸湿剂也可作为染色助剂使用。

3. 印花助剂

印花属于局部染色,可赋予纺织品花型,丰富纺织品花色品种,提高产品附加值。从局部染色的角度考虑,印花过程与染色过程有许多相似之处。纺织品经前处理加工,润湿性有很大提高,即使是涤纶织物也是如此。在此基础上对织物进行染色加工和印花加工,就会变得相对容易。以印花为例,直接印花是最常见的印花方法,直接印花色浆的调整与制作都需要印花助剂。印花色浆中的染料是借助印花助剂来实现对纺织品的局部着色,完成印花过程。印花糊料是印花色浆的重要组成部分,直接影响印花品质,主要包括天然糊料、化学糊料和复合糊料。三种糊料的代表分别是海藻酸钠糊、乳化糊和海藻酸钠—淀粉糊。

为提高印花牢度,节约用水,减少污染,可使用简单快捷的涂料直接印花方法来完成纺织品的印花加工。通过粘合剂和交联剂实现纺织品与涂料的粘合过程,非常适合小型台板印花。涂料印花的增稠剂不仅可提高印花色浆的粘度,防止色浆渗化。由于涂料印花增稠剂与粘合剂一同固着在织物表面,所以会影响纺织品的最终手感。非离子型乳化增稠剂和阴离子型合成增稠剂是两种最重要的涂料印花增稠剂。

4. 整理助剂

纺织品整理有多种基本方法,物理方法、化学方法和物理化学混合方法较常用。纺织品的磨毛、罐蒸、轧光、轧花都属于物理整理,而纺织品的硬挺整理、柔软整理、防水整理、抗菌整理、增深整理和阻燃整理等都属于化学整理。高支高密的棉织物,先磨毛再用纤维素酶作抛光整理,则属于物理化学混合整理;而涤纶机织拉毛产品则需要先进行柔软整理,再进行拉毛整理,这样的整理方法也属于物理化学混合整理。

物理整理通常是通过染整设备对纺织品施以机械作用而达到整理的目的,而化学整理则通过整理剂来达到整理目的。因此,染整加工中通过各种整理剂赋予纺织品新的性能,是纺织品后整理的主要内容。常用的整理剂有树脂整理剂、柔软整理剂、吸湿整理剂、抗静电整理剂、阻燃整理剂、防水整理剂、抗菌整理剂、抗紫外线整理剂、驱蚊整理剂、芳香整理剂、卫生整理剂、"三防"整理剂等等。

通过以上论述不难发现,按染整加工工序对染整助剂进行分类,有一定的局限性。随着本课程学习的不断深入,学生对染整助剂应用分类会进一步深入和细化。按照加工工序分类和按照助剂作用分类,也都具有一定的局限性。在学习染整助剂应用技术的初期,学习者按照染整助剂应用工序对助剂进行分类,可以使学习过程变得相对简单。当学生们比较熟悉染整助剂应用技术后,染整助剂的分类问题就会变得相对简单。

任务3:表面活性剂基本概念

教学要求与重点:

温习表面活性剂的重要概念。

研究染整助剂的应用技术,必须掌握表面活性剂的相关基础知识。在纺织品染整加工中,除染料以外的添加剂就是染整助剂。如前所述,染整助剂包括染化药剂和各种助剂两个方面。本课程研究的染整助剂应用技术的重点是染化药剂以外的各种助剂。而这些染整助剂中,绝大多数都属于表面活性剂。在《染整助剂基础知识》课程中,学习了有关表面活性剂的相关基础知识,知道了与表面活性剂相关的基本概念。为了更好地学习染整助剂应用技术,有必要重温与表面活性剂有关的重要基本概念。

1. 表面张力

液体具有使本身的表面积趋于最小的收缩特性,这种特性就是液体的表面张力。液体内部多个分子间作用力的合力等于零,而液体外部作用力的合力则指向液体的内部,结果使得液体的表面积趋于收缩。散落在实验台上的水银、荷叶上的水滴、清晨的露珠,其外形都趋于球形,这都是液体表面张力作用的结果。液体趋于收缩的表面张力具有把其他物质推向液体表面之外的具体表现。这种表现使得其他物质很难与液体相互混合。

2. 表面活性剂

能够降低表面张力的物质所具有的特性就是表面活性。而这种物质通常被称作表面活性剂。对于纺织品染整加工来说,加工过程通常在染液或工作液中完成。而无论是染液还是工作液,都由染料或各种染整助剂与水混合而成。只有降低了水的表面张力,才可能完成纺织品的染整加工过程,实现加工目的。纺织品染整加工中常用的匀染剂、渗透剂、润湿剂、乳化剂、柔软剂、净洗剂、固色剂、分散剂等各种染整助剂,都是表面活性剂。严格地说,用量较小却能明显地降低水的表面张力的物质就是表面活性剂。通俗地说,研究染整助剂应用技术就是在研究表面活性剂的应用技术。因此,温习表面活性剂的有关重要基本概念显得十分重要。

3. 表面活性剂溶液的性质

虽然表面活性剂的种类很多,但其结构都是两亲物质,即分子结构中有亲水性的极性基团,也有亲油性基团。通常亲水性的极性基团也称作亲水性基团,亲油性基团被称作疏水性基团。当少量的表面活性剂溶于水后,亲水基团会于液面之下而溶于水,而疏水性基团会朝上而于水面形成薄膜,降低水的表面张力。当表面活性剂在水中的浓度进一步增加时,水面没有多余的位置供疏水性基团紧密排列,此时多余的表面活性剂会在水中形成亲水基朝内、疏水基朝外的环形排列。这些环形排列的表面活性剂被称作表面活性剂的胶束。表面活性剂水溶液出现胶束的浓度叫做表面活性剂的临界胶束浓度,简称 CMC。表面活性剂的CMC 不太高,通常为 0.02% 到 0.4% 之间。在水溶液中使用表面活性剂时,加入的表面活性剂的浓度通常略高于所加入的表面活性剂的临界胶束浓度。

4. 润湿方程

液滴在固体平面达到平衡时的状态如图 1-1 所示。

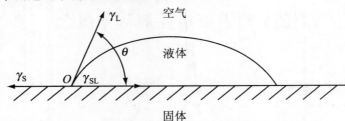

图 1-1 接触角与界面张力之间的关系

图中 O 点是液滴、固体和空气三相相交的任何一点,则有:

$$r_S = r_{SL} + r_L \cos\theta \qquad (1\text{-}1)$$

式中:r_S 为固体表面张力;r_L 为液体表面张力;r_{SL} 为固体/液体面张力;θ 为接触角。

通常,式(1-1)被称作润湿方程,接触角 θ 实际上是过 O 点的切线与固体平面之间形成的夹角。当接触角为 0° 时,液滴在固体表面完全铺开,这种现象可称作完全润湿。当接触角为 180° 时,液滴呈球体,这种现象被称为完全不润湿。当接触角大于 0° 而小于 90° 时,液滴在固体表面呈中间凸起状,这种现象被称作润湿。而当接触角大于 90° 以上时,这种现象被称作不润湿。

5. 亲疏平衡值

在应用表面活性剂时,不仅可以利用其润湿和渗透作用,也可以利用其乳化和分散作用,还可以利用其增溶、洗涤、起泡和消泡作用。而用来反映表面活性剂的亲水基和疏水基平衡程度的数值,被称作表面活性剂的亲疏平衡值,通常用 HLB 值表示。具有不同亲疏平衡值的表面活性剂其表现出来的主要性质差别较大。当该值较小时,表面活性剂适合做润湿剂、渗透剂,当该值较大时,表面活性剂则适合做洗涤剂和增溶剂。

6. 表面活性剂的分类

按照表面活性剂的基本性质,可以把表面活性剂分为阴离子表面活性剂、阳离子表面活性剂、非离子表面活性剂、两性表面活性剂和特种表面活性剂。其中前三种类型应用较多,后两种类型应用较少。

7. 协同效应

非离子表面活性剂在水中不电离,因而混溶性较好,能与阴离子表面活性剂和阳离子表面活性剂同浴使用。两种表面活性剂混用后其性能明显优于两种表面活性剂单独使用时的效果。这样的现象叫做非离子表面活性剂与阴离子表面活性剂和阳离子表面活性剂混同使用的协同效应。

任务 4:阅读资料

导读:

知道波美度的基本含义,知道染整助剂在使用时加入量的基本含义。

1. 波美度的基本含义

染厂常用的染化药剂主要包括酸、碱、盐、氧化剂、还原剂和其他药剂。醋酸、硫酸和烧碱是最常用的液体染化药剂。对于液体药剂来说,通过检验其密度来判断其有效成分的方法非常普遍。通常,测量液体密度时采用的单位是波美度(Beamué)和吐氏度(Twaddle)。有时也会用酒精度来表述无水酒精的密度。

有的液体密度比水轻,比如酒精、柴油;而有的液体密度则比水重,比如硫酸和液碱。因此波美度也有两种表述方法,比水轻的液体药剂用波美度来表示时,可记作:

$$^\circ Bé = 140/\rho - 130$$

在上述表示方法中,水的波美度为 0 度。而比水重的液体药剂用波美度来表示时则可记作:

$$^\circ Bé = 145 - 145/\rho$$

在该种表示方法中,水的波美度为 10 度。上式中,"$^\circ Bé$"表示液体的波美度。ρ 表示液体的密度,单位是"g/cm^3",但是在计算中仅仅取液体密度的数值,而忽略了计算单位。而用吐氏度来表示液体药剂的"度数"时,经常用来表示比水重的液体药剂,并通常被记作:

$$^\circ Tw = (\rho - 1) \times 200$$

2. 染整助剂加入量的讨论

研究染整助剂应用技术,实际上是在研究表面活性剂在染整加工过程中的应用技术。

在染色过程中虽然染料中有添加剂,但是为了保证染品品质也应适当加入诸如匀染剂、分散剂等表面活性剂。在前处理、印花和整理工程中也可加入适量表面活性剂,以稳定产品质量,赋予织物新的功能,改善纺织品手感。由于表面活性剂在水中可产生胶束现象,所以表面活性剂在使用时只需较低用量。因此在染整加工过程中过量使用表面活性剂,只能浪费染整助剂。

表面活性剂的临界胶束浓度通常在 0.02% 到 0.4% 之间,表面活性剂的加入量是按水溶液的重量计算得来的。0.4% 的含义就是每 100kg 的水中加入了 0.4kg 的表面活性剂。如果在实际应用中以其上限作为助剂加入量的参考值,那么助剂的实际加入量也不宜超过0.5%。以间歇式绳状浸染为例,320kg 的织物,按 1∶10 的浴比计,则染液的重量为3 200kg。按照染液重量的 0.5% 加入润湿剂对织物进行前处理加工,则需要加入的润湿剂的最大量为 16kg。显然,16kg 的润湿剂明显偏多。在间歇式绳状浸染加工方式的实际生产中,直接按照相对织物百分比重量(o.m.f.)来计算助剂的加入量显得更加简单。

平卷缸染色时,若织物为 100kg,浴比为 1∶5,则染液的体积为 500L。按照表面活性剂胶束浓度的基本概念,取其上限,表面活性剂的加入量按 0.5% 计算,则织物前处理净洗剂的加入量为 2.5kg。与前面的间歇式绳状浸染相比,虽然由于浴比降低一倍,加入的助剂量有所减少,但是,相对于织物百分比重量来说,仍然达到了 2.5%。这与实际生产明显不符。因此,平卷缸染色时,助剂加入量仍应该按照织物相对百分比重量计算为宜。

纯棉织物的长车轧染属于连续式染整加工,染色时加入的表面活性剂的数量通常以"g/L"计。以棉织物轧染为例,染液中通常加入 5g/L 的防泳移剂。轧染槽的体积通常为100L 左右,参照表面活性剂临界胶束浓度概念的要求,100L 染液中含有的防泳移剂不会超过 500g,这与前面给出的 5g/L 的加入量相符。实际上,棉织物连续式练漂中加入的助剂量,与染色后连续式水洗、固色、皂洗过程中加入的表面活性剂的数量一样,都是按照"g/L"计量。

纺织品染整加工中染化药剂加入量的计量方法与上述计量方法类似。间歇式加工时,按照相对织物百分比重量计算;连续式加工时,按照"g/L"计算。虽然,有时染化药剂的加入量较多,比如涤纶强捻织物间歇式减量时,液碱的加入量最高可达相对织物重量的 10% 以上。当染液的总体积相对不变时,酸、碱、盐、氧化剂、还原剂的加入量,既可按相对织物百分比重量计算,也可按"g/L"计算。染化药剂的加入量与表面活性剂临界胶束浓度的概念无关,仅仅与染整加工的工艺条件有关。

课程导读 》》》 ·

1.本门课程是染整技术专业的主干课程,是染整专业助剂应用方向的核心课程。按项目课程基本要求编写教材,以纺织品染整加工过程和典型染整助剂应用为基础,通过"教、学、做"相结合落实工学结合的人才培养模式,可以更好地培养学生的学习兴趣,提高学生的综合技能。

2.知道表面活性剂的基本概念和常用染化药剂的基本性能,对于更好地学会本门课程的核心内容有重要帮助。以染整工艺为基础,通过系统的学习,就可以学会纺织品的前处理助剂、染色助剂、印花助剂、整理助剂的应用方法和检测方法,学会染整助剂应用技术。

3.认真设计每次实验的方案,通过实验修正方案,在实验报告中分析试验现象,讨论试验过程和结果,可以不断培养学生分析问题的能力。利用专项实训,可以不断提高学生解决问题的能力。加强平时嵌入式实验和专项实训的策划、过程控制和讲评,可以更有效地对每一位学生的综合素质进行有效地评价。

4.每一门课程都是在为拓展学生的职业能力而做铺垫。通过自主学习让学生不断积累相关的专业知识,有目的地安排一些与染整助剂应用技术有关的知识,可以更好地拓展学生的职业知识。因此,认真阅读相关知识拓展资料,有利于学生更好地学会染整助剂应用知识。

思考题:

1.本门课程的主要内容是什么?

2.本门课程的考试成绩是如何构成的?

3.如何有效地学习本门课程?

4.染整助剂如何分类?

项目 2：前处理助剂应用

本项目要求：
1. 让学生学会纺织品前处理助剂的使用方法和简便的鉴别方法。
2. 让学生知道生物酶制剂在纤维素纤维制品加工中的应用。
3. 阅读相关知识拓展资料。

前处理是纺织品染整加工的开始阶段,其主要工艺目的是去除织物表面和纤维表面、纤维内部的杂质。无论是天然纤维还是化学纤维,织物表面的主要杂质无外乎来自于纺织加工和储运过程两个环节。泥迹、油迹、污迹,是织物表面杂质的主要组成。有些机织物由于经纱线密度较低,强力较差,且织造时与纬纱摩擦,不仅因所带电荷相同而相互排斥,还因为纬纱打纬时速度过快等多种原因,造成对经纱的破坏,结果导致经纱断裂。为了提高经纱强力通常需要对经纱上浆。浆料中带有抗静电剂,可以最大限度地消除因摩擦引起的电荷排斥现象。有时为了提高织造效率,也会在织物的经纱上加油,以减少摩擦,降低经纱断头率。在加工化学纤维时,为了减少摩擦、降低断头率,也会通过加油装置给化纤长丝加入油剂。因此,浆料和油剂是纱线表面的主要杂质。以棉纤维为代表的纤维素纤维属于天然纤维,棉纤维在生长过程中会产生一些衍生物,这些衍生物也叫做伴生物。纤维素纤维的伴生物是纤维内部的主要杂质,合理地去除这些伴生物非常有利于棉织物的产品加工。但由于纤维素纤维的伴生物存在于纤维内部,所以较难去除。

因此,在前处理阶段,要去除的杂质主要是油迹、泥迹、污迹、浆料、油剂、伴生物等。去除这些杂质,不仅需要退浆剂和去油剂,还需要润湿剂和净洗剂。为了去除纤维素纤维的伴生物,需要对棉织物进行漂白加工。常用的漂白加工方式就是氧漂加工。为缓和氧漂工艺条件,还需在加工时加入氧漂稳定剂。随着染整工艺的快速发展,新型染整助剂不断使用,以纤维素酶为代表的生物酶应用技术就是近年来涌现出来的染整加工新技术。该技术以退浆和抛光为主要加工内容,在生产实践中日臻成熟。所以,这里选择了退浆剂、润湿剂、精练剂、氧漂稳定剂和生物酶制剂等五种染整助剂,作为典型助剂产品进行应用技术研究。最后的阅读资料,可以拓展阅读者专业知识。

任务 1：退浆剂应用

基本要求：

学会退浆剂的应用方法。

1. 前言

退浆的目的就是要把织物上经过上浆的经纱上的浆料去除，为后续加工奠定良好基础。退浆过程不仅可以去除浆料，还可以去除棉纤维上的一部分天然杂质和化纤上的油剂。常见的上浆织物有轻薄型或中厚型棉织物和春亚纺、花瑶、涤丝纺、尼丝纺等化纤织物两种类型。棉织物上浆的浆料以淀粉浆为主，化纤织物上浆则以混合浆为主。淀粉浆的主要成分是淀粉，混合浆料的主要成分为聚乙烯醇（PVA）和聚丙烯酸酯（PA）。常用的退浆方法为碱退浆、酸退浆、氧化剂退浆、酶退浆和热水退浆等。纺织品染整加工中，退浆方法的选择取决于织物上浆料的性质和特点。

2. 浆料基本性质

常用浆料包括淀粉、聚乙烯醇、聚丙烯酸酯和羧甲基纤维素。

① 淀粉：淀粉对碱较稳定，低温下烧碱溶液可使淀粉膨化，高温有氧时碱可使淀粉降解。酸也可使淀粉降解。氧化剂可以分解淀粉，淀粉酶对淀粉也有水解作用。因此淀粉浆料的退浆可用碱退浆、酸退浆、氧化剂退浆和酶退浆等多种方法。

② 聚乙烯醇：聚乙烯醇是一种典型的水溶性合成高分子物质，对酸碱的作用较稳定，而氧化剂可降解聚乙烯醇，常用的氧化剂为双氧水。因此，聚乙烯醇常用的退浆方法为氧化剂退浆和热水退浆。

③ 聚丙烯酸酯：聚丙烯酸酯对酸稳定，对碱很不稳定，在双氧水作用下可发生降解，所以该种浆料的退浆可用碱退浆和双氧水退浆两种方法。聚丙烯酸酯类浆料很少单独使用，通常都是与其他浆料混合使用。

④ 羧甲基纤维素：羧甲基纤维素简称CMC，是一种水溶性高分子化合物。热碱能使羧甲基纤维素膨化，氧化剂能使羧甲基纤维素降解。因此该浆料的退浆方法有热水退浆法、碱退浆和氧化剂退浆三种。

3. 退浆剂基本要求

综上所述，常用的退浆方法有碱退浆、酸退浆、氧化剂退浆、酶退浆和热水退浆五种方法。综合各种浆料的基本性质，最常用的退浆方法是碱退浆、氧化剂退浆和酶退浆这三种。退浆的过程就是使浆料从纱线表面脱离并溶于水的过程。因此，退浆过程中，不仅需要把浆料从纤维表面剥离，还要通过退浆剂使浆料溶于水，不再黏附在织物表面造成二次沾污。根据浆料的基本性质选择退浆剂，是退浆加工的前提。烧碱、双氧水和淀粉酶是最常用的三种退浆剂，辅助以润湿剂、渗透剂、净洗剂等其他表面活性剂，可明显提高退浆效果。

4. 退浆工艺条件

研究染整助剂应用技术，必须与染整技术紧密结合。退浆工艺条件的确定，实际上是确定退浆过程中各种助剂的使用条件。

(1)碱退浆

烧碱在染厂中使用较多,通常以液状购进。有效含量较高,储运方便,是染厂使用液碱而较少使用片状烧碱的主要原因。棉织物烧毛后浸轧淡碱,可使后续碱退浆变得更加容易。液碱的使用省去了烧碱配置的过程,提高了生产效率。表2-1给出了液碱的波美度和有效成分之间的对应数据。

表 2-1   液碱的波美度和有效成分之间的对应数据

°Bé	NaOH（%）	NaOH（g/100mL）	°Bé	NaOH（%）	NaOH（g/100mL）
1	0.59	0.60	26	19.65	23.97
2	1.20	1.20	27	20.60	25.36
3	1.85	1.89	28	21.55	26.74
4	2.50	2.57	29	22.50	28.17
5	3.15	3.26	30	23.50	29.68
6	3.79	3.96	31	24.43	31.19
7	4.40	4.73	32	25.50	32.77
8	5.20	5.50	33	26.55	34.17
9	5.86	6.25	34	27.65	36.17
10	6.58	7.07	35	28.83	38.06
11	7.30	7.91	36	30.00	39.96
12	8.07	8.80	37	31.20	41.96
13	8.78	9.66	38	32.50	44.10
14	9.50	10.53	39	33.73	46.21
15	10.30	11.49	40	35.00	48.41
16	11.06	12.44	41	36.36	50.79
17	11.84	13.40	42	37.65	53.09
18	12.69	14.50	43	39.06	55.62
19	13.50	15.55	44	40.47	58.20
20	14.35	16.67	45	42.02	61.06
21	15.15	17.74	46	43.58	63.98
22	16.00	18.88	47	45.16	66.97
23	16.91	20.12	48	46.73	70.00
24	17.81	21.37	49	48.41	73.29
25	18.71	22.64	50	50.10	76.65

棉织物连续式退浆、煮练时用的烧碱浓度较低,一般在10波美度以下。较低浓度的烧碱波美度与有效成分之间的数据对应关系见表2-2。

表 2-2   低浓度烧碱波美度与有效成分之间的数字对应关系

°Bé	NaOH(g/L)	°Bé	NaOH(g/L)	°Bé	NaOH(g/L)	°Bé	NaOH(g/L)
0.5	3	3.0	18.9	5.5	36.1	8.0	55.0
1.0	6	3.5	22.3	6.0	39.6	8.5	58.8
1.5	9	4.0	25.7	6.5	43.3	9.0	62.5
2.0	12	4.5	29.1	7.0	47.3	9.5	66.1
2.5	15.3	5.0	32.6	7.5	51.1	10.0	70.7

棉织物连续式碱退浆时,充分的水洗非常必要,否则很可能造成浆料的二次沾污。因为液碱只能使浆料与纱线的黏着力下降,却无法使浆料降解。3波美度的低浓度液碱是汽蒸法退浆的常用浓度,而润湿剂的加入量为1~2g/L。棉织物碱退浆的工艺条件如下:

碱液温度:	70~80℃
堆置时间:	6~12 h
汽蒸温度:	100~102℃
汽蒸时间:	30~60min
热水洗温度:	80℃

有些轻薄类型的化纤织物在染整加工时也需要退浆。此类织物的退浆多以间歇式绳状加工为主,以平幅卷状加工为辅。此时在前处理液中按照相对织物重量百分比加入适量液碱和适量润湿剂,于80℃下加工30min后充分水洗,即可达到工艺目的。化纤类织物在前处理阶段的退浆实际上属于退浆精练一浴法加工。水洗时若加入适量分散剂,有利于减少浆料对织物的二次沾污。轻薄化纤织物的一浴法退浆精练加工所用的液碱浓度多为36波美度左右,加入的量为相对织物重量百分比的2%以下。

轻薄类化纤织物或混纺织物也可于100℃下用涤纶强捻织物专用的连续碱减量设备进行退浆。该设备适合大批量加工,用于加工小批量产品时则容易造成织物头尾退浆效果不一致。充分的水洗是必不可少的,连续碱减量设备的水洗装置可以非常充分地保证轻薄类化纤织物和混纺织物退浆以后的水洗品质。用连续碱减量设备对大批量轻薄织物退浆时所用的液碱浓度通常为36波美度左右。用连续碱减量机对轻薄化纤织物或混纺织物退浆,每12匹或14匹织物计为一车或一缸。每缸布的重量可通过每匹织物布头上的米数计量获得。为了保证每缸布的重量比较平均,要求坯布的每匹长度也比较平均。当每缸布14匹不能满足生产要求时,可适当增加每缸布的匹数。通常增加每缸布的匹数时,增加的数量为偶数。

（2）酸退浆

酸退浆主要指稀硫酸退浆。稀硫酸溶液可使淀粉浆料发生一定程度的水解,水解后淀粉浆料易溶于水,易从纱线表面去除,从而达到工艺目的。因稀硫酸对纤维素纤维有一定损伤,所以酸退浆很少单独使用,通常是配合碱退浆或酶退浆以达到提高退浆效果之目的。轻薄化纤织物较少使用淀粉浆料,酸退浆也极少用于化纤织物退浆,只出现在棉织物退浆加工中。一般情况下,先碱退浆再酸退浆,或者先酶退浆再酸退浆,都是比较常见的棉织物退浆加工方式。酸退浆时使用浓硫酸,用量一般为3~5g/L,轧酸温度为30℃,堆置时间为1h以内。堆置过程中必须严格控制硫酸浓度、酸液温度。堆置时严禁织物被风吹干,否则硫酸在织物上的浓度就会提高,纤维素纤维就会严重损伤。正因为酸退浆主要用来辅助碱退浆和酶退浆,所以,适合的专用退浆设备只能是传统的连续式棉织物的退浆设备。表2-3给出了工厂中常用的硫酸浓度换算表。

表 2-3　硫酸百分比浓度与波美度之间的对应数据

H_2SO_4（%）	°Bé	H_2SO_4（%）	°Bé	H_2SO_4（%）	°Bé
1	1.15	23	26.04	45	55.35
2	2.20	24	27.32	46	56.75

H$_2$SO$_4$（％）	°Bé	H$_2$SO$_4$（％）	°Bé	H$_2$SO$_4$（％）	°Bé
3	3.34	25	28.58	47	58.13
4	4.39	26	29.84	48	59.54
5	5.54	27	31.23	49	61.12
6	6.67	28	32.40	50	62.53
7	7.72	29	33.66	51	63.99
8	8.77	30	34.91	52	65.36
9	9.79	31	36.17	53	66.71
10	10.90	32	37.45	54	68.28
11	12.07	33	38.85	55	69.89
12	13.13	34	40.12	56	71.57
13	14.35	35	41.50	57	73.02
14	15.48	36	42.93	58	74.66
15	16.49	37	44.28	59	76.44
16	17.66	38	45.61	60	78.04
17	18.83	39	46.94	61	80.02
18	19.94	40	48.36	62	81.86
19	21.16	41	49.85	63	83.90
20	22.45	42	51.15	64	86.30
21	23.60	43	52.51	65	90.05
22	24.76	44	53.91	66	97.70

从表 2-3 中可发现，硫酸的百分比浓度随其波美度的增加而稳步增加。需要特别指出的是，65 波美度硫酸的百分比浓度为 90.05％，而 66 波美度硫酸的百分比浓度却陡升到 97.70％。为了准确地表述 65 波美度到 66 波美度之间的硫酸百分比浓度，表 2-4 列出了相关的对应数据。

表 2-4　高浓度下硫酸百分比浓度与波美度的对应数据

°Bé	H$_2$SO$_4$（％）	°Bé	H$_2$SO$_4$（％）	°Bé	H$_2$SO$_4$（％）
65.1	90.40	65.4	91.70	65.7	93.43
65.2	90.80	65.5	92.30	65.8	94.60
65.3	91.25	65.6	92.75	65.9	95.60

除了退浆以外，硫酸通常用于练漂车间棉织物漂白、丝光后的酸洗，使用时硫酸的浓度较低。表 2-5 列出了低浓度下硫酸的波美度与有效含量之间的对应数据。

表 2-5　低浓度下硫酸波美度与有效含量的对应数据

°Bé	H$_2$SO$_4$（g/L）	°Bé	H$_2$SO$_4$（g/L）	°Bé	H$_2$SO$_4$（g/L）
0.1	1.1	0.4	4.4	0.7	7.7
0.2	2.2	0.5	5.5	0.8	8.8
0.3	3.3	0.6	6.6	0.9	9.9

从上表可以看出，低浓度下硫酸的波美度与有效含量之间存在着明显的对应关系。从数值上看，1 波美度以下的硫酸的有效含量在数值上等于该有效成分下波美度的 11 倍。上

述数据之间的关系,十分便于在实际应用时记忆。

(3)酶退浆

酶退浆通常指淀粉酶和胰酶退浆。应用较多的淀粉酶主要是 α-淀粉酶,具有代表性的有淀粉酶 BF-7658。淀粉酶能用于淀粉浆料的退浆,主要是因为淀粉大分子中的 α-苷键在 α-淀粉酶的催化作用下发生水解而产生断键现象,生成相对分子质量较小、粘度较低、溶解度较高的低分子化合物,可经水洗从纱线表面去除,从而达到退浆的工艺目的。

酶的催化作用具有很高的专一性,一种酶只能对一类或一种物质具有催化作用。酶的催化能力通常用酶的活力来表示,在 60℃、pH 值为 6 的条件下,用 1g 酶粉或 1mL 酶液经 1h 所能转化的淀粉克数来表示。常用的淀粉酶 BF-7658 的活力通常为 2 000,而胰酶却只有 600。影响淀粉酶催化作用的主要因素有酶的活力、溶液的 pH 值、退浆温度、酶活化剂或抑制剂。对于淀粉酶来说,氯化镁和氯化钙可以加强酶的催化作用,被称为酶的活化剂。而重金属盐中的 Fe^{3+}、Cu^{2+}、Hg^{2+}、Ag^+、Zn^{2+} 等离子可以弱化酶的活性,被称为酶的弱化剂。一些离子表面活性剂对淀粉酶也有弱化作用,因此,淀粉酶退浆时,只能使用诸如渗透剂 JFC 类的非离子表面活性剂。

保温堆置法和高温汽蒸法是棉织物最常用的两种酶退浆方法。两种方法的工艺流程相同,工艺处方相同,但工艺条件有所区别。以淀粉酶 BF-7658 为例,在保温堆置法退浆加工中淀粉酶的加入量在 2g/L 以下,活化剂食盐的加入量为 2~5g/L,渗透剂 JFC 的加入量为 2g/L 以内。具体工艺条件如下:

浸轧热水温度	65~70℃
浸轧酶液温度	55~60℃
pH 值	6~7
轧余率	110%~130%
堆置温度	40~50℃
堆置时间	2~4 h

棉织物高温汽蒸法淀粉酶退浆的工艺条件如下:

浸轧热水温度	65~70℃
浸轧酶液温度	55~60℃
堆置时间	20min
汽蒸温度	100~102℃
汽蒸时间	3~5min

由于汽蒸法的工艺温度较高,所以工艺时间明显缩短,生产效率较高。

总之,酶退浆方法简单,退浆率高,退浆速率快,对棉织物无损伤,适于连续加工。但酶退浆对棉纤维伴生物及其他浆料的去除效果较差。所以,化纤织物或混纺织物退浆时不使用该方法。

(4)氧化剂退浆

氧化剂可使浆料氧化降解,水溶性增大,水洗后纤维表面的浆料易被去除,因此可以达到退浆的目的。氧化剂退浆时,不仅效率高,速率也高,对纤维素纤维还有漂白效果。因氧化剂在退浆时可损伤纤维素纤维,所以氧化剂退浆非常适用于以 PVA 为主的浆料退浆。在氧化剂退浆加工时,最常用的氧化剂是双氧水。双氧水与液碱组成碱—氧退浆溶液,可使各种浆料迅速氧化、降解,从而增大浆料的水溶性,降低退浆工作液的粘度,经水洗后可获得良好的退浆效果。

实际生产中使用的双氧水浓度通常较低,一般为35%。在大生产中使用较低浓度的双氧水,可明显提高其储运安全性。双氧水—液碱退浆最常用的有两种方法,一种是一浴法,另一种是两浴法。碱—氧一浴法退浆工艺中,双氧水的浓度为35%,用量为4~6g/L;液碱的浓度为36波美度,用量为35~50g/L;双氧水稳定剂为2~4g/L;润湿剂为2~4g/L。一浴法工艺条件如下:

浸轧温度	室温
汽蒸温度	100~102℃
汽蒸时间	20~30min
热水洗温度	80~85℃

碱—氧一浴法退浆工艺中需要加入适量的双氧水稳定剂,以降低双氧水的分解速度,减少双氧水对纤维素纤维的损伤,提高双氧水的退浆效果。关于双氧水稳定剂的使用方法,可参阅本书的有关内容。退浆结束前的热水洗必须充分。适当提高水洗温度可以提高洗涤效率,减少被剥落下来的浆料重新黏附到织物表面而产生"浆头迹"或"浆斑"的机会,从而提高产品加工品质。因为织物表面出现"浆头迹"后,很难通过返工返修的方法加以去除。

碱—氧两浴法退浆工艺中,双氧水的浓度和用量、双氧水稳定剂和润湿剂的加入量,均与一浴法相同;液碱浓度也为36波美度,但加入量比一浴法稍低,为25~35g/L。工艺条件如下:

轧双氧水温度	40~50℃
pH 值	6.5
轧碱温度	70~80℃
热水洗温度	80~85℃

5. 退浆效果评价

通常通过测定织物的退浆率来评价退浆效果。织物的退浆率是指经过退浆去除的浆料占原有浆料的百分比。一般情况下,退浆率越大,织物的退浆效果越明显。测定织物的退浆率,也就是测定织物退浆前后的含浆量。织物上浆料规格的定性分析方法和定量测定方法见表2-6。

表 2-6 织物上浆料规格的定性分析方法和定量测定方法

序号	浆料名称	定性分析方法	定量分析方法简述
1	淀粉	淀粉遇碘显现蓝紫色。	根据比尔定律制作工作曲线,通过高氯酸滴定法,测量退浆前后的淀粉含量,计算出退浆率。
2	PVA	加硼酸后遇碘显现蓝绿色。	根据比尔定律制作工作曲线,通过硼酸显色滴定,测量退浆前后PVA的含量,计算出退浆率。

续表

序号	浆料名称	定性分析方法	定量分析方法简述
3	PA	酸性下水解,产物在碱性饱和食盐水中产生白色絮状物。	用索氏油脂抽取器进行萃取,萃取剂为乙醇/苯的混合物。
4	CMC	中性下与铜盐形成沉淀,酸性下沉淀物重新溶解。	用氢氧化钠软化退浆液水质,用盐酸调 pH 值至中性后加入适量硫酸铜,通过计量随后滴入的盐酸量算出 CMC 含量。

6. 退浆剂应用举例

例 1：退浆粉 M-1035

适用于棉织物、涤棉织物的氧化剂退浆加工。

① 特殊性质

- 低温时稳定,高温时对淀粉、PVA、PA 和 CMC 浆料的分解能力极强。
- 退浆效率高。
- 氧化速度随温度上升而加快。
- 适应的 pH 值范围较广,碱性条件下氧化效果更明显。
- 也可用于退浆、煮练、漂白一浴法工艺。

② 基本状态

- 化学组成：无机盐复配物。
- 离子性：阴离子。
- 外观状态：白色粉末。
- 水溶性：易溶于水。
- 10% 水溶液的 pH 值：5～7。
- 储存：出厂后常温下密封储藏可使用 3 个月。

③ 应用资料

用量取决于织物上浆料的种类、上浆率以及织物的基本规格。一般用量为 3～6g/L,具体的工艺参考配方如下：

M-1035	4g/L
36°Bé 液碱	90g/L
渗透剂	8g/L
螯合分散剂	3g/L

例 2：退浆剂 M-1011

是一种可用于聚酯织物的退浆、精练、减量后水洗的多功能助剂。

① 特殊性质

- 能快速去除聚酯织物上的化学混合浆料,具有防止浆料回沾的能力。
- 能去除织物上的油剂、蜡质,能保持加工设备的清洁。
- 具有良好的退浆、精练、渗透功能,对减量后织物表面的涤纶低聚物有良好的去除功能,从而可使退浆、精练、减量三合一,提高加工效率。
- 不含 APEO(烷基酚聚氧乙烯醚)。

② 基本状态
- 化学组成:表面活性剂的复配物。
- 离子性:阴/非离子。
- 外观:浅黄色粘稠液体。
- 水溶性:易溶于水。
- pH 值:3~4。
- 稳定性:耐酸、耐碱、耐高温、耐氧化剂。
- 储存:出厂后常温下密闭储藏可使用 12 个月。

③ 应用资料

适用于间歇式和连续式退浆、精练的快速加工。用量可根据织物和纱线的具体规格进行调整。对于在强碱条件下因凝聚而较难去除的浆料,可以采取单独的退浆工艺。使用时加工液的 pH 值控制在 11 以上效果更好。具体的工艺参考配方如下:

- 浸渍加工法

M-1011:	1%~3%(o. m. f.)
36 °Bé 液碱:	1%~2%(o. m. f.)
浴比:	1:15
温度:	95℃以上
时间:	40min

- 浸轧—汽蒸加工法

M-1011:	5~10g/L
36 °Bé 液碱:	20~35g/L
轧液率:	65%~80%
汽蒸温度:	98~102℃
汽蒸时间:	5~20min

例 3:淀粉退浆酶 NAL

用于淀粉浆料的退浆,适合于棉织物、涤棉织物和涤粘织物的退浆。

① 特殊性质

浓缩的淀粉退浆酶 NAL 具有极高的热稳定性,是新型复合酶制剂。可用于淀粉浆料、淀粉衍生物/合成浆料的退浆。该退浆酶可以迅速有效地将淀粉转化为糊精,使淀粉浆料很容易在后续加工中被去除。

② 基本状态

- 活性:2 000 单位/mL。
- 密度:1.1g/cm³。
- 外观:棕色液体。
- pH 值:6.5~7.5。
- 连同润湿剂、洗涤剂、精练剂一起使用,可提高退浆效率和除杂效果。

③ 应用资料

淀粉酶退浆基本上可分为浸渍阶段、培育阶段和水洗阶段。浸渍阶段是指淀粉酶退浆液被织物吸收;培育阶段是指淀粉浆料被淀粉酶分解;水洗阶段是指从织物上洗去浆料分解后的生成物。淀粉酶 NAL 的工艺条件如下:

工艺温度:	60~100℃
pH 值:	5.5~7.5

淀粉酶 NAL 的最佳用量取决于退浆的工艺条件、浆料组分和织物类型。通常情况下淀粉酶的用量为 1~5g/L,适用于冷轧卷染堆置退浆和 J 型箱退浆等多种工艺设备。淀粉酶 NAL 是纯生物酶产品,使用和储存都相当安全可靠,对于人体和环境无毒无害,但是如果皮肤或眼睛直接沾上淀粉酶 NAL,请立即用清水冲洗。通常,在 25℃ 以下的室温,淀粉酶 NAL 至少可以储存 3 个月而保持活力基本不变,但应极力避免在 30℃ 以上长期储存。

任务 2:润湿剂应用

基本要求:

学会润湿剂和渗透剂的应用方法,能通过实验测定纺织品润湿和渗透效果。

1. 前言

在一块干净的玻璃板上滴一滴水,水滴可以在玻璃板上快速展开,这种现象说明水能润湿玻璃。如果在玻璃板表面涂上一层薄薄的石蜡,那么水滴就会像露珠一样保持球状而无法在涂有石蜡的玻璃板表面展开,这说明水不能润湿石蜡表面。如果在石蜡表面滴一滴含有少量渗透剂 JFC 等表面活性剂的水溶液以后,则石蜡表面也能被水滴润湿。在这种情况下,表面活性剂所起的作用就是润湿作用。润湿作用与渗透作用在本质上区别不大。润湿发生在物体的表面,渗透发生在物体的内部。这两种作用可以使用相同的表面活性剂。从这个意义出发,润湿剂也可称作渗透剂,渗透剂也可称作润湿剂。

织物与一般意义上的固体平面不同,是由纱线经织造而成的,而且纱线之间可形成一个多孔体系。在织物内部、纱线之间、纤维之间都分布着无数的相互贯通、大小不同的毛细管。在纺织品染整加工过程中,纺织品的润湿效果大多用织物的毛细管效应来衡量。织物的润湿性越明显,则织物的毛细管效应在数值上越大。对于织物来说,只有产生了良好的润湿,染液或加工液才能通过相互贯通的毛细管自动发生渗透作用,从而有利于纺织品的染整加工。在某些产品的整理加工时,有时也要求不允许产生润湿现象,如防水整理、"三防整理"等等。

我国印染加工业使用的润湿剂、渗透剂主要是阴离子和非离子的表面活性剂,早期常用的阴离子型润湿剂通常是磺酸盐类型,非离子型润湿剂则多为烷基醇和烷基酚聚氧乙烯醚类型。后期出现了阴离子/非离子复配的润湿剂。近年来,烷基醇磷酸酯型的润湿剂异军突起,具有优异的渗透性、低泡性和耐碱性,特别适用于碱减量加工、还原染料轧染加工等碱浓度较高的加工工序。

2. 影响润湿作用的因素

影响润湿剂发挥作用的因素总体上有润湿剂的分子结构、润湿剂浓度、润湿剂使用温度以及使用时添加剂的基本性质等四个方面。

（1）分子结构

物质的结构决定物质的基本性质。润湿剂的基本结构对润湿剂本身基本特性的影响是显而易见的。通常，表面活性剂的碳链越长，其润湿能力越明显。带有支链烷基的表面活性剂比直链烷基表面活性剂的润湿性明显。表面活性剂的亲疏平衡值 HBL 过低时适合做润湿剂，过高时适合做洗涤剂。

（2）浓度

在应用表面活性剂的过程中，其浓度若低于临界胶束浓度过多时，界面上的单分子定向吸附就不会出现饱和现象，表面活性剂的润湿作用也不会达到最佳效果。当表面活性剂的浓度大于临界胶束浓度时，加工液中就会出现表面活性剂的胶束，胶束的出现阻碍了界面饱和吸附现象的出现，降低了表面活性剂的润湿作用。

（3）温度

提高温度，有利于提高大部分表面活性剂的润湿效果。对于碳链较短的表面活性剂而言，提高温度后其润湿性不如碳链较长的明显。对于非离子型表面活性剂来说，当加工温度接近起浊点时，表面活性剂的润湿效果最明显。

（4）添加剂

能够降低表面活性剂溶液表面张力的电解质，如硫酸钠、氯化钠、氯化钾等，可以提高表面活性剂的润湿能力。在阴离子和非离子表面活性剂的溶液中加入长链醇，可以增加这两种表面活性剂的润湿能力。

3. 润湿剂的基本要求

在纺织品染整加工过程中，润湿剂主要应用于退浆、精练、丝光、漂白、染色、印花和整理的所有工序。从上述工序不难看出，润湿剂在碱性条件下使用的机会更多，因此阴离子型和非离子型表面活性剂应用较多。作为表面活性剂的一种，润湿剂在应用过程中必须满足以下的基本要求，才可能具有明显的效果，符合染整加工工艺条件的基本要求：

（1）耐硬水、耐酸、耐碱；

（2）渗透力强，能节省加工时间；

（3）处理后织物的毛细管效应明显增强。

润湿剂应用时，可根据加工工序的工艺条件进行选择。对于润湿而言，在诸多工艺条件中，加工溶液的酸碱性无疑是最重要的工艺条件之一。表 2-7 列出了各类染整助剂在染整各工序中的适用性。

表 2-7 各类染整助剂在染整工序中的适用性

序号	酸碱性	表面活性剂类型		应用工序
		阴离子型	非离子型	
1	强酸性	少数可用	多数可用	毛织物炭化
2	弱酸性	多数可用	可用	亚氯酸钠漂白
3	近中性	可用	可用	退浆
4	弱碱性	可用	多数可用	煮练、精练、预缩
5	强碱性	少数可用	多数不可用	碱减量

4.润湿工艺条件

从表 2-7 中可以看出,阴离子型和非离子型表面活性剂在弱酸性、近中性和弱碱性条件下使用较多。以使用较多的纺织品前处理加工工序为例,来讨论润湿剂使用的工艺条件。

（1）退浆

坯布上的浆料必须去除,不然就会影响渗透性和半成品的品质,更多地消耗其他的染整助剂,增加前处理加工负担,增加能源消耗和废水、废气排放,降低生产效率。退浆液中加入润湿剂,不仅可以加速对织物表面浆料的润湿和渗透,还可以明显提高洗涤作用。在选用润湿剂时,必须考虑润湿剂对退浆酶的影响。如果在淀粉浆料退浆时选用淀粉酶作为退浆剂,那么在选用润湿剂作为退浆助剂时,润湿剂不能影响淀粉酶的活力。由于阴离子润湿剂在使用时会影响加工液的酸碱度,而阳离子润湿剂又具有杀菌作用,所以,在淀粉酶作为退浆剂时只能选用非离子型润湿剂作为退浆加工的助剂。比如,常用的渗透剂 JFC 和壬基酚环氧乙烷加成物等,都是润湿效果明显、退浆工序中不可或缺的表面活性剂。

（2）煮练

煮练液中加入润湿剂,可加速碱液渗入纤维内部,有利于天然杂质的去除和净化。煮练液为强碱性液体,工艺温度较高,所以加入煮练液的润湿剂必须耐强碱、耐高温。通常采用阴离子和非离子表面活性剂拼混,再与其他螯合物复配,通过表面活性剂的协同效应来发挥所有染整助剂的综合作用。不同的加工设备和工艺条件下所使用的润湿剂也有所不同。如煮布锅煮练可用平平加 O 或肥皂,如采用轧碱汽蒸法煮练,则可使用烷基磺酸钠等润湿剂。

（3）漂白

漂白是前处理的主要工序,它不仅影响织物白度,还影响织物的染色和印花的色泽鲜艳度。所以,对于棉织物来说,除少数品种以外,一般棉织物经退浆、煮练后都需要漂白加工。常用的漂白加工方式有次氯酸钠漂白、双氧水漂白和亚氯酸钠漂白。经漂白加工,棉织物上的色素被去除,白度和鲜艳度得到提高,纤维伴生物等杂质减少,吸湿性明显提高。在多种漂白方法中,以双氧水连续汽蒸漂白最为常用。为保证漂白液能均匀快速地渗透到纤维中去,提高漂白速度,保证织物白度,在双氧水漂白加工中就需要加入渗透剂。

双氧水漂白时,pH 值为 10.5～11,温度为 90～100℃,可选用壬基苯酚环氧缩合物作为漂白渗透剂。有些双氧水漂白的稳定剂含有适量的渗透剂以提高氧漂效率。次氯酸钠漂白和亚氯酸钠漂白多选用渗透能力强、泡沫少的非离子型渗透剂,也可使用非离子与阴离子表面活性剂复配的渗透剂,以提高漂白加工时的分散、渗透和乳化作用。

（4）丝光

棉织物丝光所用的碱剂通常为 30～36°Bé 的液碱。无论是哪一种丝光方式,碱剂迅速、均匀地渗透到棉纤维内部是丝光的主要目的。一般的渗透剂很难在如此高的碱浓度下完全溶解。因此,选用耐碱性强、在强碱中溶解性好的渗透剂是提高丝光效率的前提。长期存放不沉淀、遇到浓碱不分解、丝光中无泡沫、用量较小、效率高等,是选择丝光用渗透剂的基本标准。浓碱中溶解度高,疏水基短的表面活性剂适合做丝光渗透剂。在选用丝光渗透剂时,为提高其渗透力,需要充分利用表面活性剂的协同效应。比如将 α-乙基己烯磺酸钠与乙二醇单丁醚混用作为丝光用渗透剂,就可以明显地降低液碱的表面张力,提高渗透效果。

5.润湿(渗透)效果评价

渗透性是指能使液体迅速而均匀地渗透到某种固体内部的性能。渗透性的测试是将不易润湿的坯布或原纱放入被测样品的溶液中,测试坯布或纱线完全润湿所需的时间。常用的润湿渗透效果的测量评价方法及相关说明见表2-8。

表 2-8　润湿、渗透效果的评价方法

序号	测量评价方法	主要过程描述	相关适用标准
1	布片浸没法	测定帆布片完全润湿的时间	HG/T2575-1994
2	纱线沉降法	测定原棉绞纱完全润湿的时间	AATCC17
3	简易法	测定纯棉针织物完全润湿的时间	—

6.润湿剂应用举例

例 1:耐碱渗透剂 M-1039

聚酯织物连续式碱减量及棉织物丝光用渗透剂。

① 特殊性质

● 常温下耐碱性可以达到 300g/L。

● 在强碱浴中具有良好的渗透力。

● 水洗性好,易于洗除。

② 基本状态

● 化学组成:低碳表面活性剂。

● 离子性:阴离子。

● 外观:浅黄色透明液体。

● 水溶性:易溶于水。

● pH 值:12～13。

● 稳定性:耐强碱、耐高温、耐氧化剂。

● 储存:出厂后常温下密闭储存可达 12 个月。

③ 应用资料

适用于聚酯织物连续式碱减量及棉织物丝光用渗透剂。

● 聚酯织物连续式碱减量加工

以减量率 15% 为例,相关工艺如下:

流程:浸轧→汽蒸→水洗→烘干

工艺配方:

液碱(36°Bé):	800mL/L
M-1039:	3～5g/L

工艺条件:

轧液率:	60%
汽蒸温度:	115℃
蒸汽压力:	0.12MPa
水洗温度:	60℃
烘干温度:	120～130℃

● 棉织物丝光加工

液碱(36°Bé):	600~700mL/L
M-1039:	3~8g/L

例 2:精练渗透剂 M-170

适用于纤维素纤维及其混纺纤维织物前处理的精练渗透剂。

① 特殊性质

● 高乳化力、抗再沉积性、广泛的温度范围内保持优良的润湿性。

● 可乳化分散附着在织物上的不纯物(如蜡、油等杂质),可防止再附着,确保处理过的织物具有较好的白度和毛效。

● 在硬水和漂白浴(次氯酸钠、亚氯酸钠、双氧水)中均稳定。

● 在常温烧碱溶液(180g/L 以下)中保持稳定,在常温动态状况下可以于烧碱溶液(200g/L 以下)中保持稳定。

● 与淀粉酶退浆液有良好的兼容性。

② 基本状态

● 化学组成:高级醇磷酸酯盐的复配物。

● 离子性:阴离子。

● 外观:褐色透明液体。

● 水溶性:易溶于水。

● pH 值:6~8。

● 稳定性:耐强碱、耐高温、耐氧化剂。

● 储藏:出厂后常温下可密闭储藏 12 个月。

③ 应用技术资料

适用于连续式的退浆、精练及漂白工艺,用量则根据织物特点进行调整。建议使用的工艺配方如下:

● 浸轧-汽蒸法

烧碱(36 °Bé):	90~180g/L
渗透剂 M-170:	5~10g/L
螯合分散剂 M-1075:	1~3g/L
轧液率:	95%左右
汽蒸温度:	100~102℃
汽蒸时间:	60~120min

● 浸渍法

烧碱(36 °Bé):	2%~3%(o.m.f.)
渗透剂 M-170:	1%~2%(o.m.f.)
螯合分散剂:	0.5~1g/L
浴比:	1:15
浸渍温度:	100℃
浸渍时间:	40min

例 3：精练渗透剂 M-170L

适用于纤维素纤维及其混纺纤维织物前处理用精练渗透剂。

① 特殊性质

● 高乳化力、抗再沉积性及非常优良的润湿性。

● 优异的精练性，确保处理过的织物具有较好的白度和毛效。

● 在硬水和漂白浴(次氯酸钠、亚氯酸钠、双氧水)中均稳定。

● 在常温烧碱溶液(160g/L 以下)中保持稳定。

● 与淀粉酶退浆液有良好的兼容性。

② 基本状态

● 化学组成：高级醇磷酸酯盐的复配物。

● 离子性：阴离子。

● 外观：无色或浅黄色透明液体。

● 水溶性：易溶于水。

● pH 值：6～8。

● 稳定性：耐强碱、耐高温、耐氧化剂。

● 储存：出厂后常温下可密闭储藏 12 个月。

③ 应用技术资料

适用于连续式的退浆、精练及漂白工艺,特别适合于织物的冷堆工艺加工,用量则根据织物特点进行调整。建议的工艺配方如下：

● 浸轧—汽蒸法

烧碱(36°Bé)：	90～180g/L
M-170L ：	5～10g/L
螯合分散剂：	1～3g/L
轧液率：	95％左右
汽蒸温度：	100～102℃
汽蒸时间：	60～120min

● 冷堆法

烧碱(36°Bé)：	90～180g/L
双氧水(35％)：	30～50g/L
M-170L：	5～10g/L
氧漂稳定剂：	12～18g/L
螯合分散剂：	3～5g/L
轧液率(干布)：	100％以上
堆置时间：	16～24 h

7. 棉织物丝光渗透性测试实验

自行设计实验,测试纺织品的润湿和渗透效果。具体实验原理、实验仪器、实验药品、实验材料和实验步骤请参阅本任务有关内容和本书附录中的实验 1：棉织物丝光润湿剂基本性能测试。

任务3:精练剂应用

基本要求：

学会使用精练剂。

1. 前言

对于棉织物而言,精练就是煮练;对于涤纶织物而言,精练就是前处理;而对于涤棉织物,精练过程通常也称作前处理。实际上,涤纶织物的前处理有时也可称作精练。棉织物退浆后织物上仍含有少量浆料和大部分纤维素纤维的伴生物。这些伴生的天然杂质不仅使布面发黄,还会明显影响织物的润湿性和渗透性,影响织物的后续加工。无论是退浆后的轻薄涤纶化纤织物,还是厚重化纤织物,都需要在染色之前去除表面杂质。油迹、泥迹、污迹和化纤长丝表面的油剂,是此类织物的主要杂质。丝织物的精练过程主要是脱胶,而羊毛织物则通过洗毛、洗呢等工序去除杂质,使织物获得良好的外观效果,满足染整加工要求。总之,无论是天然纤维织物,还是化学纤维产品,通过精练剂在精练工序中去除各种杂质,是精练工序的主要目的。

2. 精练剂作用

如上所述,精练剂的主要作用是除杂。此外,精练剂还需帮助液碱在前处理各工序中渗透到纤维内部,促进纤维素纤维伴生物的乳化、分散,使已经脱离纤维的杂质进一步乳化并分散在精练液中,防止杂质重新黏附在织物表面。因此,精练剂除了有较好的净洗效果外,还需有较好的渗透、乳化、分散和增溶效果。

通常,精练工艺对精练剂有如下要求:

● 与染化药剂具有良好的相容性;
● 耐硬水、耐酸、耐碱、耐高温;
● 有良好的渗透、乳化和分散性能;
● 最好易溶于冷水;
● 有符合设备要求的起泡性;
● 对纤维亲和力小,易水洗,能快速洗净;
● 能防止再次沾污织物,提高织物白度。

3. 精练剂分类

从纺织品染整加工的实际情况来看,精练剂主要可分为两种类型,一种是染化药剂,一种是表面活性剂。就染化药剂而言,主要包括烧碱、硅酸钠、亚硫酸钠和磷酸三钠。而表面活性剂中适合做精练剂的品种较多。

(1)染化药剂

① 烧碱

到目前为止,烧碱仍然是棉织物煮练的最重要的精练剂。高温下,烧碱对去除纤维素纤维伴生物的效果良好。烧碱的加入量与染整设备选型、工艺流程、工艺条件、织物规格和品质要等因素有关。

② 硅酸钠

硅酸钠在棉织物煮练过程中能吸附煮练液中的铁质，防止织物产生铁锈迹。与此同时，硅酸钠还可以吸附纤维素伴生物杂质，防止这些杂质再次黏附到织物表面。硅酸钠的加入量必须严格控制，加入过量会严重影响织物手感。目前有些企业已经在棉织物煮练过程中停止使用硅酸钠，而用非硅类螯合剂替代。

③ 亚硫酸钠

亚硫酸钠具有还原作用，可防止高温煮练时棉纤维的氧化，还可将棉籽壳中的木质素还原成可溶性的木质素磺酸钠而溶于加工溶液中。此外，亚硫酸钠的还原作用在高温下还兼具漂白作用。

④ 磷酸三钠

磷酸三钠主要用于水的软化，去除煮练液中的钙、镁离子，提高煮练效果，节省助剂用量。因磷酸三钠溶于水后具有碱性，可增加溶液的碱度，所以加入磷酸三钠后可适当减少烧碱的消耗。

（2）表面活性剂

为了提高织物的润湿性，以利于液碱的渗透，棉织物煮练时或化纤织物精练时需加入适量的表面活性剂。由于烧碱是各种织物煮练或精练的主要助剂，所以在选择表面活性剂时，可以充分考虑如何利用表面活性剂与烧碱的协同效应来提高加工效率。在煮练或精练加工时，表面活性剂的加入量可略高于其临界胶束浓度。

早期使用的精练剂较简单，如 JFC 渗透剂侧重于渗透，平平加 O 侧重于乳化，601 洗涤剂侧重于净洗。这些精练剂虽各有特点，但缺点也比较突出。随着我国印染工业的快速发展，印染工作者利用阴离子和非离子表面活性剂的各自优点，开发了新型精练剂，主要有以下三种类型：

① 使用多种不同的表面活性剂进行复配。这些精练剂大多是磺酸类或硫酸酯类阴离子表面活性剂、聚氧乙烯醚类非离子表面活性剂等多种不同性能的表面活性剂和增效剂的复配物。

② 在同一结构中阴离子、非离子表面活性剂的表面活性特征的组成部分同时存在，如脂肪醇聚氧乙烯醚磷酸酯钠盐、脂肪醇聚氧乙烯醚硫酸酯等。为进一步提高应用效果，也可在产品中再复配其他表面活性剂和增效剂。

③ 以烷基醇聚氧乙烯醚脂肪酸酯为主要组分的精练剂，在精练的碱性液中，高温下水解为烷基醇聚氧乙烯醚和脂肪酸钠盐。

这些精练剂的共同特点是渗透能力强，去污、携污能力强，耐碱，抗硬水能力强，可缩短精练时间，提高精练效果。上个世纪末，随着环保要求的不断提高，以聚氧乙烯醚为乳化剂的各种复配表面活性剂逐渐被禁用。近年来开发的环保型高效精练剂仍然沿袭了上个世纪末对精练剂的基本要求。虽然染整新工艺对精练剂提出了新的要求，如缩短加工时间、耐碱性更明显，但是主要的开发思路仍然是以阴离子和非离子表面活性剂的复配为主。在使用新原料的前提下，复配技术更加成熟。开发的新型精练剂主要有仲烷基硫酸钠、α-烯烃基磺酸钠、烷基多糖苷、脂肪酸甲酯磺酸钠等。

4.精练效果检测

各种织物精练效果的检测方法各有其侧重点。通过检测天然纤维制品的润湿性、渗透性，可以验证精练效果，也可通过检验其白度来验证精练效果。不同规格、不同批号的涤纶织物，其可比性比棉织物小很多。棉织物精练效果检测方法比较见表2-9。

表 2-9　棉织物精练效果检测方法比较

序号	检测方法	主要过程描述
1	残脂率测定	用索氏油脂抽取器萃取样布油脂后计算结果
2	毛细管效应	测定精练后蒸馏水在样布布条上的上升高度
3	白度测定	仪标准白板调试仪器后测定式样的相对白度

上表中最常用的检测方法是毛细管效应检测法，该方法实际上包括以下三种基本检测方式。

（1）定时法

记录30min内样布底端水槽内的液体上升的高度。当高度不同时读取最低值，并取两条布样读数的平均值。必要时，可在样布底端液体内加入少量黄色活性染料或适量高锰酸钾，以明确液面上升高度。高度值通常用"cm"表示。

（2）定高法

基本方法与定时法类似，以蒸馏水上升至固定高度的时间表示。该方法比定时法更简单。计时单位通常用"s"。

（3）滴水法

将试样紧绷于绷布架上，用装有蒸馏水的滴定管下滴蒸馏水，滴管下端距试样1cm。液滴滴于试样时开始用秒表计时，液滴在试样上完全渗透后结束计时。计时越短，试样的吸水性越明显。此方法不仅可以验证棉织物煮练后的毛细管效应，还可以验证涤纶织物吸湿整理后的吸湿效果。

5.精练剂应用举例

例1：低泡浓缩精练剂 M-108

适用于各类纤维制品的前处理高效精练剂。

① 特殊性质

● 具有优良的渗透性和精练性能，经其处理的天然纤维及其混纺织物具有良好的白度和毛细管效应。

● 具有良好的防止油污返沾能力，确保精练浴中不形成浮油和浮蜡，为前处理提供良好的工艺宽容性和稳定性。

● 可避免合成纤维织物出现黄斑，能克服因前处理不良导致的色差现象。

● 低泡，环保，不含 APEO。

② 基本状态

● 化学组成：表面活性剂的复配物。

● 离子性：阴/非离子。

● 外观：无色或浅黄色粘稠液体。

- 水溶性:易溶于水。
- pH 值:6~8。
- 稳定性:耐酸、耐强碱、耐高温、耐氧化剂。
- 储存:出厂后常温下可密闭储存 12 个月。

③ 应用资料

用量可根据织物的含油状况和织物结构而定。通常情况下,间歇式前处理加工中,浓缩精练剂 M-108 的加入量为相对织物重量的 0.5%~1%。具体的工艺参考配方如下:

M-108:	0.5%~1%(o. m. f.)
液碱(36 °Bé):	3%~5%(o. m. f.)
浴比:	1:12
精练温度:	95℃以上
精练时间:	40min

例 2:练染同浴剂 M-1016KT

适用于合成纤维及其混纺织物的练染同浴加工的精练除油剂。

① 特殊性质

- 适用于合成纤维及其混纺织物的精练、除油处理工艺,特别适合于合成纤维织物的练染同浴加工,具有除油干净彻底的特点。
- 具有优良的乳化、分散及渗透能力,能有效去除合成纤维织物上的油剂、油污、锈迹和油纱。
- 在酸性条件下有良好的去油效果,练染同浴加工中没有消色和阻染现象,不会产生色斑和色花。
- 不含 APEO。

② 基本状态

- 化学组成:表面活性剂的复配物。
- 离子性:阴/非离子。
- 外观:无色透明液体。
- 水溶性:易溶于水。
- pH 值:0.5~1。
- 稳定性:耐酸、耐碱 、耐高温、耐氧化剂。
- 储存稳定性:出厂后常温下可密闭储存 12 个月。

③ 应用资料

具体用量可根据处理的织物结构和油污程度决定,一般情况下用量为相对织物重量的 1%~2%。供参考的间歇式加工配方如下:

M-1016KT:	1%~2%(o. m. f.)
pH 值:	根据工艺要求调节
浴比:	1:12
工艺温度:	95~130℃
工艺时间:	40min

对于特别严重的油纱、油迹,可连同精练除油剂——1109ET,按 1∶1 的比例混合使用。使用时不用另外加酸来调整 pH 值。

例 3:精练除油剂 M-1109ET

适用于间歇式去除合成纤维及其混纺织物的油剂,能克服前处理不良造成的黄斑和色花现象。

① 特殊性质

● 可彻底去除合成纤维及其混纺织物上的油污,对天然纤维制品上的油污也有良好的去除效果。

● 适用温度范围大,在 60~130℃内均有极佳的去污效果。

● 有非常好的分散、乳化能力,可保证获得良好的精练效果。

● 使用时无需添加任何溶剂或碱剂即可去除严重油迹,碱性条件下去油效果更佳。

● 能克服前处理不良引起的黄斑或色花现象。

● 可软化水质,具有较高的金属离子螯合分散能力。

● 不含 APEO。

② 基本状态

● 化学组成:表面活性剂和无机盐的复配物。

● 离子性:阴/非离子。

● 外观:白色粉末。

● 水溶性:易溶于水。

● pH 值:11~13。

● 稳定性:耐强碱、耐高温、耐氧化剂。

● 储存稳定性:出厂后常温下可密闭储存 12 个月。

③ 应用技术

适用于间歇式精练。精练时的具体用量可根据织物上的油污污染程度而定,一般情况下,加入量为 1~3g/L。具体的参考工艺配方如下:

● 一般油污处理

                M-1109ET: 0.5~1g/L

                工艺温度: 80~100℃

                工艺时间: 20~40min

● 重油污处理

                M-1109ET: 1~3g/L

                工艺温度: 100~130℃

                工艺时间: 40min

例 4:氨纶精练剂 M-1085

用于去除氨纶纤维上的纺丝油剂。

① 特殊性质

● 可完全乳化和有效去除氨纶纤维上含有的纺丝硅油及硅平滑剂。

● 在酸性和碱性条件下使用并不影响染色和印花。

● 不会造成经纱条和染色斑点,可用于连续式和间歇式作业。

② 基本状态

● 化学组成:表面活性剂的复配物。

● 离子性:阴/非离子。

● 外观:无色粘稠液体。

● 水溶性:易溶于水。

● pH 值:4.5~12。

● 稳定性:耐酸、耐强碱、耐高温、耐氧化剂。

● 储存要求:出厂后常温下可密闭储藏 12 个月。

③ 应用资料

● 连续式前处理

A. 渗透:1~2 格

M-1085:	1~3g/L
pH 值:	4.5~12
温度:	70~80℃

B. 清洗:2~4 槽

1~2 槽:	70~80℃(溢流)
1~2 槽:	冷水(溢流)

C. 烘干:

烘干温度:	110~130℃

● 间歇式前处理

A. 在拉幅机上做坯布定形。

B. 坯布上卷除皱。

C. 精练/清洗。

配方:

浴比:	1:10
M-1085:	1~3g/L
pH 值:	4.5~12
70~80℃	保温 30min
水洗二次	70~80℃×15min/次
水洗一次	冷水,溢流

任务 4:双氧水稳定剂应用

基本要求:

学会使用双氧水稳定剂,学会测试氧漂稳定剂的基本性能。

1. 前言

在棉织物漂白过程中,双氧水漂白的白度和白度稳定性都好于次氯酸钠漂白,纤维损伤较小,无有害气体产生,所以双氧水漂白被广泛使用。双氧水漂白不仅有利于退煮漂的连续化生产,还可以对合成纤维及其混纺织物进行漂白加工。棉织物的氧漂或退煮漂一浴法中,通常在碱性条件下使用双氧水。双氧水在酸性或中性条件下比较稳定,在碱性条件下被活化,氧化性明显增强。而此时的溶液中若有重金属离子存在,则会使双氧水过早分解,从而引起纤维素纤维的损伤和双氧水的浪费。因此,为控制双氧水在上述漂白加工中的分解速度,避免纤维损伤,提高漂白效果,不仅要控制漂白液的酸碱度,更重要的是通过助剂控制双氧水的分解速度。而能够明显降低双氧水在碱性条件下分解速度的助剂,通常叫做双氧水的稳定剂。

染整加工中经常使用的双氧水浓度为 $30\%\sim35\%$,浓度高于 60% 后,双氧水遇到有机物时容易引起爆炸。所以市售的双氧水溶液中都含有适量的硫酸或磷酸,作为稳定剂,以保持双氧水溶液的 pH 值在 4 左右。双氧水的稳定性不仅与溶液的酸碱度有关,还与其他因素有关。金属离子、金属屑、酶制剂、比表面积较大的固体等都可加速双氧水的分解,其中催化作用最强的是铁和铜。双氧水漂白时,若溶液中含有铁离子和铜离子,极容易在织物表面产生破洞。

2. 氧漂稳定剂的作用与要求

虽然双氧水稳定剂的作用机理因为十分复杂而不能十分清楚地说明,但目前可确定的是,漂白液中金属离子的存在可以加速双氧水的分解速度,因此,双氧水稳定剂通常具有以下作用:

① 利用钙、镁等金属离子与双氧水之间的相互作用,明显降低双氧水的分解速度。

② 碱土金属可吸附于金属胶粒表面并使金属胶粒失去活性,因此,可以利用这一性质来制造双氧水稳定剂。

③ 利用络合剂与重金属离子的络合作用,使重金属离子失去对双氧水加速分解的催化作用。

实践证明,氧漂工艺对氧漂稳定剂的基本要求为:

① 防止双氧水过快分解,对双氧水具有稳定作用,可替代泡花碱或减少泡花碱的用量,降低"硅垢"出现的机会,改善织物手感。

② 耐强碱、耐氧化剂、耐高温。对重金属离子的络合能力强,可避免因重金属离子的存在而在织物表面产生破洞。

③ 与泡花碱合用时,对硅酸盐具有分散作用,可以避免在织物表面形成"硅垢"。最好能替代泡花碱或者减少泡花碱在氧漂中的加入量。

3. 氧漂稳定剂的分类与发展

为保持双氧水的稳定性,市售的双氧水溶液中含有适量的酸。加入酸剂的双氧水溶液即使加热到较高温度也不会分解。因此在应用双氧水作为漂白剂时必须加入适量碱剂以活化双氧水。当双氧水溶液中的碱剂浓度偏高且存在某些重金属离子时,双氧水的分解速度会明显上升。因此,为控制双氧水的分解速度,漂白加工时必须加入适量的双氧水稳定剂,使双氧水在规定的时间内均匀有效地分解,以便有效控制氧漂加工过程。

作为双氧水漂白加工的稳定剂,除了具有良好的稳定性以外,还必须耐碱、耐酸、耐高温、耐氧化。常用的氧漂稳定剂按其化学组成可以分为含硅类和非硅类两种,按其稳定功能的机理可分为吸附型和螯合型两类。实际上,氧漂稳定剂都具有这两种功能,只是侧重不同。

(1)硅酸钠

硅酸钠俗称水玻璃,又称泡花碱。在棉织物加工时常用水玻璃无色粘稠液体作为煮练助剂和双氧水稳定剂。水玻璃能溶于热水,在水中呈碱性,具有较强的洗涤作用和扩散作用,可以明显提高棉织物的白度。实际上,泡花碱是一种 Na_2O 含量较低的硅酸钠。在泡花碱中,Na_2O 与 SiO_2 的比例在 1：1.6 到 1：4 之间。当 Na_2O 与 SiO_2 的比例为 2.06 时,泡花碱液体的波美度与百分比浓度和有效成分之间的数值关系见表 2-10。由于硅酸钠溶液的密度比水高,所以在检测硅酸钠液体的密度时,需选取密度比水高的密度计。

表 2-10　泡花碱的波美度与百分比浓度和有效成分之间的数值对应关系

°Bé	Na_2O(%)	Na_2O(g/L)	°Bé	Na_2O(%)	Na_2O(g/L)
1.0	1	10.07	28.7	24	299.3
2.3	2	20.32	30.9	26	330.5
4.9	4	41.40	33.1	28	362.9
7.4	6	63.24	35.2	30	396.3
9.9	8	85.84	37.3	32	430.7
12.3	10	109.30	39.2	34	466.1
14.7	12	133.60	41.2	36	502.9
17.1	14	158.80	43.1	38	540.7
19.6	16	185.0	45.0	40	580.0
21.9	18	212.0	49.6	45	634.0
24.2	20	240.0	54.0	50	797.0
26.4	22	269.1	58.3	55	920.2

硅酸钠对双氧水的稳定性只有在适量的钙、镁离子存在时才比较显著。因此双氧水漂白时可直接使用硬水,若使用软水,还需在漂液中加入少量硫酸镁。硅酸盐的基本结构为硅氧四面体,以链状结构为主的水玻璃成八面空间体,铁、锰等重金属也成八面体结构。所以这些重金属离子可与水玻璃紧密结合,而失去了对双氧水的催化分解作用。

水玻璃的浓度越高,稳定性越大。当浓度达到一定程度后,稳定作用上升的趋势不再明显。双氧水漂白时,水玻璃既是稳定剂,也是碱剂。当漂液的 pH 值为 10.5~11 时,双氧水的综合漂白效果最明显。通常情况下,漂液的 pH 值用水玻璃和液碱共同来调节,水玻璃占 70%,液碱占 30%。同时,水玻璃加入量过大后还会影响织物手感。

(2)磷酸盐类

用磷酸二氢钠、磷酸三钠、六偏磷酸钠等磷酸盐作为双氧水漂白稳定剂,不会产生硅垢而影响织物手感和加工品质的问题,但织物的白度和渗透性不如用硅酸钠作为双氧水漂白稳定剂。使用磷酸盐作为双氧水漂白的稳定剂时,也需要钙镁离子的存在。磷酸盐可通过吸附作用与金属离子形成络合物,使具有催化作用的金属离子失去活化催化作用。有机磷酸盐在双氧水漂液中可与金属离子形成螯合物而使金属离子失去催化作用。

非硅类氧漂稳定剂被使用的越来越广泛。现在市场上的非硅类双氧水稳定剂大多为有机螯合剂、有机羧酸与镁盐复配而成。此类氧漂稳定剂既可单独使用,也可与泡花碱合并使用,以减少泡花碱的用量,降低于织物表面产生"硅垢"的机会。近年来印染行业一直在积极推广应用棉织物练漂的短流程工艺,该工艺流程要求必须使用非硅类双氧水稳定剂。作为新型非硅类双氧水稳定剂——聚羧酸型聚合物,具有与硅酸钠类似的高分子胶体结构,兼具生物降解性、对重金属离子和碱土金属离子均有螯合能力的性能。实践证明,此类氧漂稳定剂不仅可以获得良好的手感和白度,还可以在低温下作为螯合剂用于精练、净洗等前处理工艺。

4. 双氧水稳定剂性能测试

(1)稳定性能评价

测试双氧水稳定剂可以从不同角度进行。通常需要先测定氧漂液中双氧水的分解情况,也可用作工艺分析。双氧水的含量一般用"g/L"表示。双氧水稳定剂的基本性能要求就是稳定效果。可由该稳定剂组成氧漂工作液后,通过测定织物的白度和强力损失来综合评定稳定剂的稳定效果。白度越高,强力损失越小,稳定剂的稳定效果越明显。

(2)金属离子络合力

指碱溶液中每克稳定剂能够络合金属离子的毫克数,通常可用"CV"表示,其中钙离子用碳酸钙表示。测定稳定剂对铁、铜离子的络合能力可以了解被测稳定剂对产生织物针洞的防止能力。在测试稳定剂金属络合力的滴定过程中,保持溶液的pH值在$10 \sim 12$之间非常重要。如果溶液的pH值偏低,可通过补充碱溶液来调整。

(3)对铁离子胶体的吸附作用

碱性条件下双氧水漂白时,铁离子以三价的胶体形式存在。稳定剂对胶体铁离子的吸附能力,实际上可以直接反映双氧水漂白稳定剂的基本性能。在溶液中加入阴荷电解质,可与铁离子胶体产生凝聚现象。铁离子胶体在一定时间内发生凝聚所需电解质的最低浓度,通常用"mmol/L"表示。由于稳定剂组成复杂,所以常用被测稳定剂的体积值来衡量胶体凝聚值的大小。凝聚值越小,表示该稳定剂对氢氧化铁胶体的吸附能力越大。

(4)破洞试验

由于织物表面经常会存在铁锈、铁屑等,这些物质可对双氧水进行强化分解,导致织物表面出现大量的针眼大小的破洞。双氧水稳定剂的加入可以明显地减少这种小破洞的产生。小破洞试验可作为了解双氧水稳定剂对双氧水稳定效果的方法之一。

5. 相关助剂应用举例

例1:氧漂稳定剂 M-1021B

适用于棉及其混纺织物漂白的双氧水非硅无磷稳定剂。

① 特殊性能

● 适用于各种织物的漂白加工。

● 控制漂白浴内双氧水的稳定性,使双氧水规则地稳定分解,有助于有效去除棉织物上的杂质,保证漂白加工的白度和纤维强度。

● 不含硅盐,不会因产生"硅垢"而影响织物手感,不会污染加工设备。

● 无磷,符合最新的环保要求。

② 基本状态

● 化学组成：有机酸盐类。

● 离子性：阴离子。

● 外观：浅黄色透明液体。

● 水溶性：易溶于水。

● pH 值：4～5。

● 稳定性：耐强碱、耐高温、耐氧化剂。

● 起泡性：无泡。

● 储存：出厂后常温下可密闭储藏 12 个月。

③ 应用资料

适用于连续式和间歇式漂白加工。用量过多达不到漂白效果，用量过低则不能有效控制双氧水分解，从而造成纤维损伤。具体的参考工艺配方如下：

● 冷轧堆漂白

双氧水（35%）：	30～50g/L
液碱（36°Bé）：	90～180g/L
M-1021B：	12～18g/L
M-170L：	5～10g/L
螯合分散剂：	3～5g/L
干布浸轧：	轧余率大于 100%
对置时间：	16～24 h

● 汽蒸漂白

双氧水（35%）：	20～30g/L
液碱（36°Bé）：	调节 pH 值为 11
M-1021B：	5～7g/L
M-170：	3～5g/L
螯合分散剂：	3～5g/L
湿布浸轧：	轧余率为 70%
汽蒸时间：	45min
汽蒸温度：	102℃

例 2：螯合分散剂 M-1075

各种纤维制品的湿加工助剂，具有螯合、分散、保护胶体等功能。

① 特殊性能

● 在高温状态下对金属离子有良好的络合能力和突出的分散能力，对铁离子有较强的螯合能力，可有效防止破洞产生。

● 高温条件下耐强碱，耐电解质，耐氧化剂和还原剂。

● 可防止结晶和瓦解晶体产生，在硅酸钠做稳定剂的氧漂浴中可防止产生"硅垢"。

● 在表面活性剂的协同下，可增进织物的再润湿能力，这对于先漂白后染色的棉织物非常重要。

② 基本状态

● 化学组成:有机酸类络合物。

● 离子性:阴离子。

● 外观:无色至浅黄色透明液体。

● 水溶性:易溶于水。

● pH 值:5~6。

● 稳定性:耐酸、耐碱、耐高温、耐氧化剂。

● 起泡性:无泡。

● 储存:出厂后常温下可密闭储存 12 个月。

③ 应用资料

● 软化水质

连续式加工时,螯合分散剂 M-1075 的加入量为 1~2g/L;

间歇式加工时,螯合分散剂 M-1075 的加入量为 1~2g/L。

● 煮练

连续式加工时,螯合分散剂 M-1075 的加入量为 2~4g/L;

间歇式加工时,螯合分散剂 M-1075 的加入量为 1~1.5g/L。

● 氧化漂白

次氯酸钠漂白、双氧水漂白和亚氯酸钠漂白时,可加入螯合分散剂 M-1075:

连续式加工时,螯合分散剂 M-1075 的加入量为 2~4g/L;

间歇式加工时,螯合分散剂 M-1075 的加入量为 1~1.5g/L。

● 还原漂白

间歇式加工时,螯合分散剂 M-1075 的加入量为 1~1.5g/L。

● 水洗

连续式加工时,螯合分散剂 M-1075 的加入量为 1~2g/L;

间歇式加工时,螯合分散剂 M-1075 的加入量为 0.5~1g/L。

6. 双氧水稳定剂性能测试实验

自行设计实验,测试双氧水稳定剂的基本性能。具体实验原理、实验仪器、实验药品、实验材料和实验步骤请参阅本任务的有关内容和附录中的实验 2:双氧水稳定剂性能测试。可通过实验数据、实验分析和实验结论判断学生的实验设计能力和设计水平。

任务 5:酶制剂应用

基本要求:

学会应用酶制剂。

1. 前言

酶是一种生物催化剂,通常由生物体产生,也叫做生物酶。酶制剂是各种生物酶在印染应用中的总称。所有的酶制剂都是有生命的蛋白质。因此酶制剂在储存时对储存环境的要求比其他染整助剂更高。酶制剂在印染行业应用的早期,仅仅用来对棉织物进行退浆。随着酶制剂的发展和染整加工技术的进步,生物酶在印染工业的应用迅速增多。在棉织物的煮练和漂白、麻纤维脱胶、丝织物的精练、毛织物的防缩和光洁、棉纱筒纱漂白后的除氧、莱赛尔纤维和其他纤维素纤维制品的抛光、成衣的仿旧处理、牛仔服的石磨整理等多个方面都有广泛应用。纤维素酶有时也被称作酵素,纤维素纤维制品的生物酶加工因此也被称作酵素洗。在酶制剂应用过程中,印染工作者习惯于按照加工工序把生物酶分为退浆淀粉酶、退浆胰酶、纤维素抛光酶、漂白除氧酶等等。随着生物酶在印染行业中应用的不断深入,其分类方法会越来越为人们所接受。

2. 酶制剂的基本性能

酶制剂之所以在近年内有如此迅速的发展,主要是因为生物酶所具有的基本特性符合现代印染行业发展的需要。

(1)催化专一性

酶的催化作用具有很高的专一性。对于生物酶而言,被催化的物质一般叫做底物。生物酶对作用底物有极强的选择性,一种生物酶只能对一种或者一类物质具有极强的催化作用。如淀粉酶只对淀粉具有催化和降解作用,蛋白酶只能催化蛋白质并水解成氨基酸或肽,而对其他物质没有催化作用。

(2)催化效率高

生物酶的催化作用通常比普通无机催化剂高出 10 万倍到 1000 万倍以上。如双氧水催化剂对双氧水的催化作用比铁离子对双氧水的催化作用高出 10 亿倍。所以,酶制剂在催化过程中用量少、作用快、效果好。

(3)催化条件缓和

通常,淀粉被分解成葡萄糖、蛋白质被分解成氨基酸等化学反应,都需要高温、高压、强酸或强碱等条件。而酶制剂催化分解淀粉或蛋白质时,在常温常压下即可完成。例如,纤维素酶的工艺条件通常为:

工艺温度:	55℃
工艺时间:	55min
pH 值:	5.5

当温度上升到 80℃ 以上,或者处理液的 pH 值在 8 以上,纤维素酶将会全部被杀死。由此可见,当工艺条件趋于苛刻以后,生物酶的催化作用非但没有加强,反而被极大地削弱。

(4)环保

酶制剂本身无毒,很容易被生物降解,而且降解过程中不需要加入大量化学品。酶制剂在催化反应过程中也不产生有毒物质,公害少,能大大降低污水处理负担,对环境保护有利。

(5)来源广泛

生物酶的来源极其广泛,动物、植物和微生物都可作为酶制剂的生产原料。特别是微生物,不受气候、地域和季节的影响,种类繁多,容易培植,繁殖迅速,产量高。近年来随着生物工程和基因工程技术的快速发展,人们已经可按照生产需要对生物酶的 DNA 顺序进行重组和编排,生产出不同性能的酶制剂,酶制剂生产技术得到了突破性进展。

3. 酶催化作用的影响因素

酶的种类繁多,分类方法也很多。如根据酶的生产原料分类,生物酶可分为动物酶、植物酶和微生物酶。如按照酶的催化作用分类,生物酶可分为氧化还原酶、水解酶、裂解酶、转移酶等。而对淀粉水解具有催化作用的生物酶就是淀粉酶。无论按照哪一种方法对酶制剂进行分类,影响生物酶催化作用的基本因素都是相同的。对于常用的酶制剂而言,使用时的酸碱度、温度、浓度、金属离子等因素,是影响生物酶催化作用的主要因素。

(1)温度

通常,生物酶的反应速度会随着温度的升高而加快,这与普通的化学反应规律相似。当升高到一定温度以后,超过了酶的最佳温度后,酶的活性会明显降低。酶的活力在一小时内丧失一半时的温度,称为酶的临界失效温度。超过临界失效温度后,酶的活性失效极快。因此,生物酶都有各自的稳定温度。生物酶在稳定温度内基本不会发生失活现象。对于大多数生物酶来说,稳定温度多为 40～60℃。

(2)pH 值

生物酶是蛋白质,分子中具有较多的酸性、碱性氨基酸侧基,这些基团随 pH 值的变化以不同的状态存在,可以直接影响生物酶与底物之间的反应性。不同的酶制剂,其适宜的pH 值范围有所不同。大多数的生物酶适合在弱酸性或接近中性的介质中完成催化反应,适宜于碱性条件下生存的酶制剂较少。大多数微生物酶是多种蛋白酶的混合物,其最适宜的pH 值也只能适应该种混合酶中含量最高的一种。

(3)金属离子

碳、氢、氧、氮、硫等元素是构成 DNA 的基本元素,无机盐是生物酶繁殖不可缺少的营养成分,也是生物酶的重要组成部分。一般来讲,可以起到活化作用的金属离子有钾、钠、钙、镁、锌、锰等离子,而银、铁、汞、铜等金属离子通常对酶制剂的活力有抑制作用。

(4)浓度

酶制剂浓度和底物浓度都会影响酶制剂的催化反应。通常,底物浓度足够大时,生物酶的反应速度与生物酶的浓度成正比。在纺织品染整加工中,作为底物的纺织品具有复杂的空间结构。组织结构、纱线捻度、纱线股数、纤维细度、织物密度、织物厚度、织物宽度、织物状态等因素,都会成为影响生物酶催化反应速度的因素之一。

(5)表面活性剂

阴离子表面活性剂会破坏蛋白酶的结构,阳离子表面活性剂在高浓度下也会破坏蛋白酶的结构,只有非离子表面活性剂不会破坏蛋白酶的空间结构,保持蛋白酶的活性。在使用生物酶进行染整加工时,加入表面活性剂的浓度不能高于表面活性剂的临界胶束浓度。在该浓度以下,表面活性剂可以帮助生物酶向底物的基质渗透。表面活性剂完成催化作用以后,还可重新进入溶液,继续促进生物酶的催化作用。

影响生物酶催化作用的因素较多。除上述因素以外,在生物酶使用过程中的机械搅拌作用、浴比的大小、添加物的基本性质、溶液的循环方式等都会对酶制剂的催化作用产生影响。

4. 酶制剂性能测试

由于酶制剂的用途较广,用法较多,所以检测酶制剂基本性能的方法也比较丰富。但无论哪一种方法,都是围绕着酶制剂的活性这一生物酶的基本性质展开测试的。本任务以淀粉酶和纤维素酶为例,来讨论酶制剂基本性能的测试方法。

(1)淀粉酶活力

淀粉遇碘产生蓝色。利用该显色反应,在一定量的淀粉中加入不同量的淀粉酶制剂,一定时间后,蓝色消失且酶制剂用量最少的那个试液可以认为刚好将淀粉全部分解。根据酶制剂用量、淀粉用量和反应时间,可以计算出该淀粉酶的活力。酶活力也可用酶制剂的转化力来表示,每小时内每克或每毫升酶制剂能够转化淀粉的克数,就是该种生物酶的转化力。

(2)纤维素酶活力

纤维素酶对纤维素纤维有催化降解作用。在纤维素酶的作用下,经过磨毛处理的棉织物,其表面较长的绒毛可以较快地被降解,使得磨毛棉织物的表面绒毛变得更加短促、细密、均匀。这个过程也被称作磨毛棉织物的生物酶抛光处理。通过计算磨毛棉织物在酶催化作用前后的重量变化,就可以定量地知道该纤维素酶的酶活力。

(3)果胶酶活力

果胶酶对纤维素伴生物中的果胶质能起到裂解、水解的作用,产生半乳糖醛酸和寡聚半乳糖醛酸。醛酸具有醛基,可产生一定的还原性,在一定条件下可与具有氧化性的物质发生反应。所以,通过测定半乳糖醛酸的还原性物质含量,可以间接地确定果胶酶的活力。

5.酶制剂应用举例

例1:高除毛性抛光酶 CLS-B

适用于去除纤维素纤维制品表面绒毛的纤维素酶。

① 特殊性质

抛光酶 CLS-B 可用于棉或其他纤维素纤维织物的去除表面绒毛的抛光处理,也可用于机织物或纱线的表面光洁处理。经处理后织物的抗起毛起球能力明显提高,手感更加柔软,悬垂性明显增加,织物的光泽更加柔和,鲜艳度也可明显提高。

② 基本状态

抛光酶 CLS-B 是纯生物酶制剂,适用与储存都非常安全可靠,对人体和环境无害。但如果皮肤或眼睛直接沾上酶制剂,请立即用清水冲洗。通常,在 25℃ 以下的环境中,抛光酶 CLS-B 储存 3 个月可保持活力基本不变。

③ 应用资料

生物酶抛光整理通常采用间歇式加工方法,具体的参考工艺如下:

- 设备:喷射溢流染色机、高速绳状染色机、工业用洗衣机、气流染色机。
- 装布量:略小于染色容布量。
- 循环速度:略高于染色时织物的循环速度。
- 酶用量:1%～2%(o.m.f.)。
- 浴比:1:5～1:15。
- pH 值:4.5～5.5。
- 温度:45～55℃。
- 时间:30～60min。

一般情况下,织物的失重率在 3%～5% 之间,就可以获得良好的抛光效果。织物的失重率超过 5% 以后,织物的强力损伤明显上升。关于这一点,需要在加工中引起特别的注意。

加工结束以后的灭酶,既可选择提高温度的方式达到工艺目的,也可提高加工液的 pH 值来实现灭酶。通常,80℃以上时,纤维素酶就会基本失去活力,而且 pH 值大于 10 以后,纤维素酶也会失去活力。究竟选用哪一种灭酶方式,主要由抛光后的工艺条件决定。如果织物在抛光后直接用同一加工设备进行活性染料染色,那么可考虑采用提高加工液的 pH 值灭酶。如果抛光后织物直接拉幅定形,则可考虑升高温灭酶。若此时仍采用提高加工液的 pH 值灭酶,很有可能造成成品表面的 pH 值过高。

例 2:双氧水分解酶 TMU

漂白后的纤维素纤维制品,必须去除残留的双氧水。如果双氧水不去除,就会导致不同批次之间染色织物色光重现性的明显降低。为提高颜色稳定性,减少色差,就需要进行多次水洗,耗费大量的水资源。双氧水分解酶 TMU 就是一种可去除织物残留双氧水的生物酶。使用该酶制剂,还可明显缩短工艺时间,减少用水量。

① 特殊性质

● 经双氧水分解酶处理的纺织品,能够很好地保持不同批次之间色泽的一致性,并可保证织物染色效果均匀一致。

● 使用双氧水分解酶处理织物,可以完全清除漂白过程中未分解的双氧水,减少清洗次数,降低水的消耗,缩短工艺时间,提高产品品质,减少排放量。

② 基本状态

双氧水分解酶 TMU 是纯生物酶制剂,适用与储存都非常安全可靠,对人体和环境无害。如果皮肤或眼睛直接沾上酶制剂,请立即用清水冲洗。通常,25℃以下的环境中储存 3 个月可保持其活力基本不变。

③ 应用资料

双氧水分解酶 TMU 非常适合于间歇式加工方式,机织物、针织物、筒纱和绞纱漂白后的除氧,都可以使用该种酶制剂。可供参考的工艺如下:

● 工艺流程

漂白→热水洗→排水→冷水洗→调 pH 值→加除氧酶→水洗 20min→排水→染色。

● 工艺条件

温度:50℃以下。

pH 值:4~10。

● 工艺配方

除氧酶 TMU:0.05~0.1g/L。

● 工艺设备

喷射溢流染色机、平幅卷染机、绞纱筒纱染色机、气流染色机。

任务 6:阅读资料

基本要求:

知道酶制剂在染整加工中的应用,知道酶制剂在生产现场的检验方法。

1. 酶制剂的应用

生物酶制剂自上世纪 80 年代引入纺织工业以后发展很快。因其无毒无害、使用条件温和、用量少并可赋予织物较多新功能而备受广大印染工作者喜爱。根据生产实践,本文从生物酶对纤维素纤维织物的退浆、精练、抛光和成衣酵素洗等诸方面探讨生物酶的应用。

(1)退浆

去除棉织物上的大部分浆料是退浆工序的主要目的。以棉织物为例,传统的汽蒸法碱退浆工艺流程如下:

烧毛后灭火→平幅轧淡碱→平幅轧碱→堆置或汽蒸→热水洗→冷水洗

上述流程的工艺条件为:

轧碱温度:80℃;

汽蒸温度:100℃;

汽蒸时间:60min;

热水洗温度:90℃;

热水洗时间:10min;

冷水洗时间:10min。

以汽蒸法退浆为例,工艺时间在 80min 以上,期间伴随着大量能源消耗。

以淀粉酶为例,汽蒸法酶退浆工艺流程如下:

烧毛灭火→浸轧热水→浸轧酶液→堆置→汽蒸→水洗

上述流程的工艺条件为:

堆置时间:20min;

堆置温度:室温;

汽蒸温度:100℃;

汽蒸时间:4min;

水洗时间:5min。

以淀粉酶 BF-7658 为例,在上述工艺中的加入量不超过 2g/L。由于织物表面为中性,故水洗时间较短。全部工艺时间不超过 30min,与前面的碱退浆工艺相比可节省大量蒸汽,且退浆率较高。淀粉酶的耐高温化趋势和耐碱趋势提高了淀粉酶对棉纤维伴生物和其他浆料的去除效果。适当的加入少许碱并提高工艺温度,是新型退浆酶的应用发展趋势,有利于去除棉织物浆料中的 PVA 成分。

(2)煮练

去除残留在织物表面的少量浆料和大部分天然杂质是煮练工序的主要目的。仍以棉织物为例,其传统的煮布锅煮练工艺流程如下:

轧碱→进锅→煮练→水洗

上述流程的工艺条件为:

轧碱温度:50℃;

煮布温度:130℃;

煮布时间:5h 以上。

传统工艺中,轧碱浓度为 30g/L（36°Bé），煮布的碱浓度为相对织物重量的 8%（36°Bé）。煮练后水洗,主要是为了去杂。选用丹麦诺维信公司生产的果胶酶 BioPrep 对棉织物进行煮练,工艺流程如下:

浸轧热水→浸轧酶液→堆置→汽蒸→水洗

上述流程的工艺条件为:

    pH 值:8.5;

    轧酶温度:50℃;

    堆置时间:50min;

    汽蒸温度:100℃;

    汽蒸时间:10min;

    水洗时间:5min。

果胶酶的加入量为 2g/L。工艺中的汽蒸是为了杀灭蛋白酶,同时提高织物表面温度,以利于随后的水洗,充分地去杂。比较两个煮练工艺不难看出,酶煮练的工艺时间明显偏短,能源消耗明显减少。经此工艺煮练的 $40^s×40^s×120$ 根/英寸×60 根/英寸的纯棉府绸,30min 的毛效接近 12cm,织物断强仅仅下降 5%,白度略有提高。

棉织物的生物酶退浆工艺已日趋成熟,而棉织物的生物酶煮练工艺由于生物酶价格偏高、去杂效果略逊于传统工艺而发展较慢。随着技术的进步,棉织物生物酶煮练工艺也必将逐渐发展。

煮练过程中若水洗部分的设备能安装六角盘式导辊,由其产生的振动有助于煮练和去杂。轧酶时,酶液中适当加入非离子型的表面活性剂,也有助于煮练。

（3）棉织物抛光

高支高密全棉织物的生物酶抛光是生物酶整理的范例。整理后织物表面光滑,若处理得当还会有细腻的桃皮绒感觉。此类织物的纱卡产品可用来加工高档休闲服装,轻薄平纹织物可用来加工床上用品或其他家纺面料。其产品加工工艺流程如下:

煮练漂→烘干→定形→磨毛→生物酶抛光→灭酶→绳状染色→定形

湿法磨毛比干法磨毛的效果更明显,在织物边部留下的磨毛痕迹更少。湿磨毛过程中水槽内的水不仅可以吸收磨毛过程中设备产生的大部分波动,也极大地阻止了磨毛过程中织物在磨毛辊面上的抖动。可通过烘干来检验织物的磨毛效果。短、密、匀,是对高支高密全棉织物磨毛的基本要求。丹麦诺维信公司的纤维素酶 Cellusoft 作为全棉磨毛织物的抛光用生物酶,在高温高压喷射溢流 J 型缸内加入相对织物重量的 3% 就有良好的抛光效果。

在 55℃、pH=5.5 的条件下,55min 内,相对织物重量 3% 左右的纤维素酶加入量,就可完成对全棉磨毛织物的抛光处理。生物酶的加入量和处理时间决定了抛光处理的效果。抛光过程就是纤维素酶"割断"纤细纤维素纤维的过程,当然也是对棉织物减量的过程。经过磨毛加工的棉织物,相对纤细的纤维素纤维比较集中地布满织物的磨毛面。比表面积偏高的磨毛面在生物酶处理过程中更多地受到了生物酶的"攻击"而被"割断"。位于磨毛面下层的相对密实和比表面积偏低的织物本身受到生物酶"攻击"的机会较少。这就使磨毛面上被磨毛砂纸磨起的相对较长的绒毛最先被生物酶"割断",从而在磨毛面留下相对细腻、短促、均匀的类似于桃皮绒的短茸毛,最终使得织物表面光滑,质地温暖。在磨毛过程中,纤维素纤维经过磨毛大锡林辊和小磨毛辊的的强烈摩擦,织物原有相对刚挺的身骨被打碎,形成了较原来更加柔软的手感。生物酶抛光过程和染色过程都是绳状加工。在这两个工序的加工过程中,织物不断地在染缸中往复循环,循环的过程对改善织物的手感也有贡献。纤维素酶在抛光过程中也对织物进行了减量。抛光以后,构成织物的纱线相对抛光之前变得更细。变细的纱线使纱线之间移动的空间更大,结果使织物的手感比抛光前更加柔软和蓬松。

(4)莱赛尔织物加工

由莱赛尔纤维(Lyocell)制造而成的织物俗称"天丝"(Tencel),属于人造纤维素纤维。由于制造过程中能够对环境产生污染的物质几乎全部回收,所以莱赛尔纤维被人们誉为21世纪的环保纤维。在原料制造过程中不加交联剂的纤维制成坯布后经湿态加工,织物之间、织物与加工设备内壁之间的摩擦促进了"天丝"织物中莱赛尔纤维因径向极度膨胀而产生自身原纤化现象。原纤化的结果就会在织物表面形成长短不一的绒毛。若成品织物中莱赛尔纤维的含量低于40%,原则上不容许挂"Tencel"吊牌。天丝织物与其他纤维素纤维的交织物,因为其成本比纯"天丝"织物低,在市场上更受普通消费者的欢迎。常见的"天丝"交织物在染整加工过程中,特别在生物酶抛光加工过程中,比纯"天丝"织物的加工更容易一些。"天丝"织物在加工过程中由于有抛光工序,坯布也可以不烧毛。莱赛尔纤维的特点决定了"天丝"面料的工艺流程特点。以65/35天丝/棉平纹织物为例,其经纬纱细度为26^s,经密385根/10cm,纬密200根/10cm,坯布门幅176cm,织物面密度157g/m²,产品加工工艺流程如下:

初始原纤化→水洗→酸洗→酶处理→杀酶→出布→脱水→烘干→染色→脱水→烘干→定形(整理)→干式拍打→检验→包装

原纤化之后、干式拍打之前的加工过程与棉织物抛光加工十分类似。初始原纤化加工过程的报道较多,在此不一一赘述。能够自身产生原纤化现象的莱赛尔纤维决定了"天丝"织物不需磨毛只需生物酶抛光就可在织物表面产生桃皮绒风格。莱赛尔纤维具备了化纤和天然纤维较多的性质,织物本身刚性较强。为获得柔软蓬松的手感,干式拍打工序是不可或缺的。法国ICBT公司的M2型超级柔软机和意大利生产的AIRO系列机械式柔软机都可以用来完成"天丝"织物的干式拍打。国内沈阳生产的气流柔软机也可用来进行"天丝"织物的干式拍打。另外,M2型设备还可用来完成"天丝"织物的初始原纤化。织物在干式拍打时,不断地被抛起,撞击在设备的内壁上。在松弛状态下加入少许的湿热蒸汽可提高拍打时的湿度,时间越长,织物的手感就越柔软、越蓬松。织物表面在染色过程中重新原纤化的较长纤毛在此时就会被磨掉,织物的表面则越来越光滑,桃皮绒的效果就越明显。织物表面产生的绒毛,可赋予织物特殊的手感。这些绒毛的颜色较浅,给人以视觉上灰旧的水洗效果,可尽情表现沧桑的怀旧感,体现人们回归大自然的追求,从一个侧面传递了个人不同的审美情趣。

(5)氧漂后除氧

全棉针织物漂白产品经间歇式加工后,如果残留在织物上的双氧水不能完全去除,就会对后续的染色工序产生重大影响。主要表现在颜色变浅,缸差增大,染色重现性下降。所有这些现象都与双氧水的氧化性有关。残留的双氧水破坏了染料的基本结构,不能使全部染料发挥作用,是造成染色重现性下降的主要原因。使用除氧酶可以从根本上改变这种状况。

关于除氧酶具体的工艺流程和工艺条件,请参阅本项目的有关内容。

（6）牛仔服酵素洗

牛仔服的酵素洗大多在工业滚筒洗衣机中完成。使用的酵素大多为纤维素酶或其复配物。洗涤过程中的工艺条件与棉织物的生物酶抛光工艺条件完全相同。洗涤时间越长,酵素加入的量越多,洗涤后的牛仔服直观效果越明显。

（7）灭酶

上述多种生物酶的杀灭基本上采用两种方法,一是高温灭酶,二是升高处理液的 pH 值。一般情况下,目前在使用的大多数生物酶,在环境温度超过 85℃ 以后,或 pH 值超过 8.5 以后,生物酶特别是纤维素酶将无法存活。所以,灭酶时可充分利用后道工序的工艺条件。通常要求成品织物表面的 pH 值为弱酸性或中性。选择提高环境的 pH 值灭酶,可能对成品表面的 pH 值升高产生较大影响。而采用升温灭酶的方式,既有利于去除织物表面的杂质,也有利于降低成品表面的 pH 值。

（8）强力

用生物酶对纤维素纤维织物进行抛光的过程也是对织物的减量过程。既然是减量,纤维和织物的强力就会下降。处理时间的长短和加入生物酶的量的多少,决定了织物强力下降的速度。在加工过程中,不断检查织物强力损失状况,有助于保护织物的强力。

用生物酶对纤维素纤维织物进行染整加工,既符合环保要求,又能明显改善织物性能。结合传统染整工艺,协同生物酶技术,可明显减少织物表面绒毛,改善织物光泽,赋予织物柔软滑爽的手感,改善织物风格,提高织物的悬垂性。纤维素纤维织物服用性能的改善,引起了业内工程技术人员的极大重视,这必将推动生物酶技术的进一步发展。

2. 酶制剂生产现场检验

（1）淀粉酶

为了提高纤维素纤维制品的经纱强力,提高织造速度和产品品质,织物织造前需对经纱上浆。目前,纤维素纤维制品上浆时,所用浆料主要有两种,一种是淀粉浆料,另一种是混合浆料。混合浆料中的主要成分除了淀粉以外就是聚乙烯醇。在常用的退浆方法中,除碱退浆以外,淀粉酶退浆也是一种行之有效的方法。也有的企业在退浆的初期使用淀粉酶退浆,煮练过程中由于有较多碱剂存在,混合浆料中的聚乙烯醇就会逐渐溶于水而达到彻底退浆的目的。

通常,人们用酶的活度或者活力来表示生物酶的催化能力,并以此来描述生物酶达到工艺目的的效率高低。具体的参数是在 pH 值为 6 时,60℃ 下 1h 内 1g 生物酶所能达到的工艺效果。对于纤维素纤维制品的退浆工序来说,通过测量相同棉织物坯布退浆前后的失重率,就可以比较不同淀粉酶的活度。具体做法如下:

① 准确称取棉织物坯布 10g,坯布的宽度不可高于常规水洗牢度仪的配套不锈钢染杯的高度,一般为 15cm。将坯布圆滑地卷成筒状,置于染杯中,并加入自来水 150mL,用 36% 的醋酸若干毫升,把工作液的 pH 值调整为 6。用 pH 值精确试纸检测工作液 pH 值的调整过程。

② 称取淀粉酶试样 1g,溶于 500mL 的容量瓶中,加水至刻度,摇匀。

③ 移取淀粉酶溶液 20mL;加入染杯后密封。将该染杯在水洗牢度仪中于 60℃ 下运行

1h 后取出并水洗。

④ 用小轧车在 0.45MPa 压力下轧压一次后,于 95℃烘干至恒重,再称量棉织物的重量。

假设棉织物试样退浆后的重量为 W_2,那么该淀粉酶试样的退浆效率则为:

$$淀粉酶试样的退浆效率 = (1-W_2/10)×100\%$$

如果认为上述方法仍然比较繁琐,也可通过测量棉织物退浆后的柔软程度来定性地比较淀粉酶的退浆效率。通常情况下,织物的硬挺度越明显,柔软性就越差。具体操作步骤如下:

① 剪取棉织物坯布经向或纬向试样 10 条,具体尺寸为 2.5cm×12cm。

② 参照测量织物硬挺度的标准 FB W04003,将 5 条试样用如图 2-1 所示的硬挺度实验仪测量其硬挺程度,另外 5 条做退浆实验。

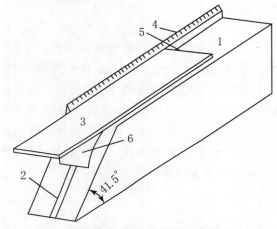

图 2-1 硬挺度实验仪示意图
1—水平平台 2—斜面检测线 3—试样压板 4—标尺 5—指示线 6—织物

③ 将试样放在平台上部,压上压板,试样一端与压板一端对齐,并与标尺的“0”刻度重合。以 3~5mm/s 的速度将压板带动试样向斜边推出,至下垂试样之顶端刚触及斜面为止,记录此时标尺的刻度,然后用试样的反面测量一次。每一试样正反面测试值的平均值,作为该试样柔软性的一次读数。数值越大,试样的硬挺度越大;数值越小,试样的柔软性越大。

④ 比较退浆织物与未退浆的坯布的硬挺程度,差异越大,淀粉酶的退浆效果越好。

(2)纤维素酶

纤维素酶目前主要用来去除莱赛尔纤维制品表面原纤化的原纤,以去除织物表面的较长绒毛,使织物表面保留桃皮绒效果。这样的加工过程也叫做莱赛尔纤维制品或“天丝”(Tencel)织物的“抛光”处理。高支高密磨毛棉织物的仿真丝处理原理与莱赛尔纤维制品的抛光处理相同。总之,在纤维素酶的作用下,纤维素纤维制品表面较长绒毛的去除过程,实际上是制品的“减量”过程。在这个过程中,纤维素酶可以使纤维素纤维制品的表面绒毛变短,甚至使纤维素纤维制品完全水解。如果能比较准确地测量经纤维素酶处理后的全棉磨毛织物的失重情况,就可以定量地比较纤维素酶的活度。具体的操作步骤如下:

① 准确称取磨毛棉织物 10g,织物宽度不可高于常规水洗牢度仪配套的不锈钢染杯高

度,一般为 15cm。将试样圆滑地卷成筒状置于染杯中,并加入自来水 150mL,用 36% 的醋酸若干毫升,把工作液的 pH 值调整为 6。用 pH 值精确试纸检测工作液 pH 值的调整过程。

② 称取纤维素酶试样 5g,溶于 500mL 容量瓶中,加水至刻度,摇匀。

③ 移取容量瓶中的纤维素酶溶液 10mL,加入染杯后密封。将该染杯在水洗牢度仪中于 60℃下运行 1h 后取出,并用冷水冲洗 30s。

④ 用小轧车在 0.45MPa 压力下轧压一次后于 120℃下烘干至恒重,称量磨毛棉织物的重量。

假设棉织物试样退浆后的重量为 W_3,那么该纤维素酶试样的除毛效率为:

$$纤维素酶试样的除毛效率 = (1 - W_3/10) \times 100\%$$

抛光过程中,磨毛棉织物的失重率与织物本身的厚度、磨毛方式、组织结构和练漂工艺有关。如果因磨毛棉织物失重过大而造成织物强力损失明显,可以考虑降低称取液体纤维素酶的数量。如果纤维素酶试样的除毛效率较低,也可以考虑在实验时增加称取液体纤维素酶的数量。

既然纤维素酶可以对纤维素纤维制品产生比较明显的减量作用,那么,经纤维素酶处理的轻薄棉织物半漂产品的强力会受到明显损伤。如果使用织物强力拉伸仪对经纤维素酶处理的轻薄棉织物半漂产品进行拉伸试验,那么强度越低的织物,纤维素酶的有效成分越多。为了使实验效果更加明显,必要时可增加纤维素酶在处理液中的加入量。通常在实际生产中,纤维素酶的加入量很少超过被处理织物重量的 3%。若通过比较织物强度来判断不同批号的纤维素酶的有效成分,可以把纤维素酶的添加量增加到相对织物重量的 5%。继续适当增加纤维素酶在实验中的用量,可以明显缩短实验时间。

纤维素酶俗称酵素。利用纤维素酶对纤维素纤维的特殊作用,可以将纤维素纤维制品在加工成衣后进行酵素洗。由于成衣上的缝纫接缝、袖口、领口、衣襟等处具有比其他区域更大的比表面积,所以,在成衣酵素洗涤时,纤维素酶会对上述区域产生更明显的作用。作用的结果使得这些区域的颜色明显偏浅,产生朦胧的仿旧效果。因此可以利用纤维素酶对染色棉织物的剥色作用来比较不同批号的纤维素酶的活性。通常可以通过目测来判定酵素的洗涤效果,从而最终判定纤维素酶的基本活性。保持纤维素酶对相同规格的染色棉织物洗涤工艺条件的一致性,是判定不同批号酵素的基本活性的重要前提。55℃、55min、pH 值为 5.5、试样重量为 5g、浴比为 1:50、酵素加入量为 5%(o.m.f.),是比较合理的工艺条件。全棉染色试样经酵素洗涤后,用自来水充分冲洗并在烘箱内烘干,是准确比较其褪色程度的基础。

(3)除氧酶

漂白后的纤维素纤维制品,必须去除残留的双氧水。如果双氧水不被去除,就会导致不同批次之间染色织物色光重现性的明显降低。为提高颜色稳定性,减少色差,就需要进行多次水洗,耗费大量的水资源。双氧水分解酶就是一种可以去除织物上残留双氧水的生物酶。使用该酶制剂,还可明显缩短工艺时间,减少用水量。双氧水分解酶非常适合于间歇式加工方式,机织物、针织物、筒纱和绞纱漂白以后的除氧,都可以使用该种酶制剂。常规工艺流程如下:

漂白→热水洗→排水→冷水洗→调 pH 值→加除氧酶→水洗 20min→排水→染色

一般情况下,除氧酶的使用温度低于纤维素酶的使用温度,通常不超过50℃。使用时,处理液的pH值可以从4达到10。除氧酶的加入量也比纤维素酶的加入量小很多,通常为0.05～0.1g/L。在比较不同批次的除氧酶有效成分时,通常是通过比较织物染色后的颜色准确性来实现。以实际生产中经除氧酶除氧的染色织物为标准样,以经不同批次除氧酶处理的相同织物的染色试样为测试样,要求处理的工艺条件相同。最后,将处理过的试样按实际生产中使用的染色配方在实验室打样染色,烘干后比较试验室染色小样的颜色与生产大样的颜色。颜色差别越大,除氧酶效果越差。

(4)果胶酶

果胶酶对纤维素伴生物中的果胶质能起到裂解、水解作用。在棉织物煮练过程中使用果胶酶,可以明显提高煮练效果。通过比较经不同批号的果胶酶煮练的棉织物的毛效和白度,可以判定果胶酶中的有效成分。在测试过程中,温度、时间、试样重量、果胶酶加入量、浴比、pH值、水洗时间、水洗温度、处理流程和烘干温度等工艺条件必须相同。处理后的毛效测定可以采用多种方法,既可以比较水溶液液面于相同时间内在试样上的爬高高度,也可以比较水滴在织物表面的扩散半径。液面爬高高度越高,水滴于试样表面的扩散半径越大,果胶酶的有效成分越多。为了增加煮练效果,可以在水溶液中加入适量红色弱酸性染料。关于煮练后试样的白度变化,可以通过目测完成。当目测无法判定时,也可通过白度仪和电脑测配色系统测定。

综上所述,根据各种酶制剂的基本作用原理,通过简单的实验来判定酶制剂的有效成分是可行的。采用简便的判定方法,可以明显地提高生产效率,稳定和提高产品加工水平。

复习指导 >>>

1.纺织品前处理的主要目的就是在保证坯布不受明显损伤的前提下去除织物上的各种杂质。杂质的去除程度与产品的最终品质要求有关。知道各类纺织品的基本化学性能是正确使用前处理助剂的基础。制定合理的前处理工艺是充分发挥前处理助剂基本作用的前提。对于前处理助剂而言,退浆剂、精练剂、润湿剂、双氧水稳定剂和各种酶制剂仅仅是其中的重要代表。因此,在开展上述各种助剂的应用研究过程中,不能忘记常规染化药剂在前处理过程中的基本作用。

2.棉织物是用途十分广泛、被人类使用较早的纺织品。随着崇尚自然、返璞归真的生活追求普遍为人们所接受,棉织物加工量还会进一步增长。因此继续深入研究棉织物前处理助剂的应用前途十分广阔。退浆、煮练、漂白和丝光过程中都可以使用润湿剂,因此,在退浆、煮练、漂白、丝光等一系列加工过程中,只有综合考虑前处理助剂的应用,才可以把助剂作用的发挥最大化。双氧水作为最主要的棉织物漂白剂,在使用时必须加入适量的稳定剂,以限制双氧水在某些无法去除的催化剂作用下损伤棉纤维。漂白时加入的螯合分散剂,不仅可以避免稳定剂对织物的沾污,还可以去除可能成为双氧水分解催化剂的其他杂质。

3.除了棉织物以外,其他织物在染色前也需要进行前处理。通常涤纶织物的前处理叫做精练,而棉织物的前处理被习惯地称作练漂。精练剂的使用不仅与被精练对象有关,还与精练条件有关。选择精练剂时必须考虑精练剂残留对后续染色的影响。对于轻薄类型的涤纶织物和尼龙织物来说,涤丝纺和尼丝纺的表面具有较多的化学浆料。在精练过程中去除这些化学浆料,需要退浆剂、精练剂和分散剂的协同效应,才可以充分保证精练效果和退浆效果,从而保证产品的染色品质。

　　4.酶制剂在纺织工业上的广泛应用,是近年来逐渐兴起的一件十分令人鼓舞的事情。作为一种新兴的助剂门类,具有其他染整助剂无法比拟的优势。因此在阅读资料中用较大的篇幅介绍了酶制剂在染整加工中的应用范围和酶制剂的常规检验方法。随着能够产生自身原纤化类型的 Lyocell 纤维的大量使用,随着高档色织衬衫布的不断开发,以抛光酶为代表的酶制剂的用量会迅速上升。所以,严格控制进厂原材料的品质检验,特别是加强酶制剂的基本性能检验,对于不断稳定和提高高端印染产品品质而言,具有决定我国纺织工业未来发展方向的重大意义。

思考题：

　　1.棉织物退浆与化纤织物退浆的主要区别在哪里？如何使用淀粉酶退浆剂？

　　2.30 波美度、36 波美度的液碱分别相当于的百分比浓度是多少？

　　3.退浆剂 M-1011 的基本状态和适用范围如何？

　　4.如何评价渗透剂的使用效果？应用渗透剂 M-170 时的工艺条件如何？

　　5.染整加工对精练剂的基本要求如何？

　　6.简述检验纺织品毛效的常用方法。

　　7.简述精练除油剂 M-1109ET 的特殊性质。

　　8.如何检测氧漂稳定剂的基本性能？

　　9.汽蒸漂白时,加入氧漂稳定剂 M-1021B 的基本作用是什么？

　　10.酶制剂的基本性能如何？影响酶制剂使用的影响因素有哪些？

　　11.如何检测酶制剂的活力？抛光酶和除氧酶使用的工艺条件如何？

项目 3：染色助剂应用

    染色过程是纺织品染整加工非常重要的组成部分，提高染色加工技术水平，稳定产品染色加工品质，提高染色工序加工效率，都是染色加工的主要目的之一。染色过程，实际上是染料上染纤维的过程。在这个过程中，染料、染液、纤维构成了相对独立的染色加工基本体系。染色工艺流程、工艺配方、工艺条件和工艺设备等四个方面，则是染整技术研究的主要对象。在染色工艺配方中，除了染色配方以外，还有染色助剂配方。染色工艺配方的主要内容仅仅是从数量上给出了染料和助剂的具体数值，而具体的工艺条件也不能十分完全地清楚表述染色助剂的应用方法。如何正确使用染色助剂正是本项目的主要任务。

    染色助剂主要有匀染剂、防泳移剂、固色剂和皂洗剂。匀染剂、固色剂和皂洗剂在间歇式和连续式染色加工中都可以使用，而防泳移剂则主要用在连续式染色加工中。本项目中所论述的固色剂以活性染料染色中使用的固色剂为主，而直接染料染色后、酸性染料染锦纶深浓色泽后的固色过程所使用的固色剂和染化药剂，不作为本项目的研究重点。在本项目的任务 5 中给出了剥色剂的应用方法，旨在解决染色次品的回修问题。在研究各种染色助剂的同时，也应该十分重视常规染化药剂对染色品质的影响。任务 6 中的阅读材料试图通过研究分散染料染色过程中酸碱度对染品的作用，来说明常规染化药剂是影响染色品质的重要因素之一。至于染色过程中使用的浴中柔软剂，染色中加入的各种整理剂，也不在本项目的研究之列。这些与染色同浴的柔软剂、整理剂的加入，仅是整理方式和方法的变化。因此，本项目把浴中柔软剂、浴中整理剂仍然算作整理剂，而不作为染色助剂来介绍。

任务1：匀染剂应用

主要内容：

1.学会使用匀染剂；

2.学会测试匀染剂的基本性能。

1.前言

如前所述,染色过程是染料从染液中上染纤维的过程。为了降低染料的聚集机会,充分地将染料分散于染液中,减少色点、色花、色迹等染色疵点,纺织品染色加工时,除了要合理制定染色工艺、正确选择染料和设备以外,还需要适量使用匀染剂。匀染剂属于表面活性剂,因此在染液中加入匀染剂,其浓度必须以表面活性剂的临界胶束浓度为界线,不可超过临界胶束浓度过多。否则,会影响染料上染率,浪费染整助剂,增加后处理压力和废水处理压力。

匀染剂的主要作用就是尽可能地使染料均匀上染。均匀上染可以从两个方面来实现,首先通过"缓染",其次是通过"移染"。所谓缓染,就是缓和染色,降低染料上染纤维的速率。增加染料与染液的溶解性和亲和力,降低染料与纤维的亲和力,是实现缓染的主要手段。而移染则是通过匀染剂带动染料的移动来实现匀染。在染色过程中,纤维表面的局部区域所吸附的染料量可能会大于其他区域。在匀染剂的带动下,吸附量高的区域向吸附量低的区域移动的过程,就是染料的移染过程。无论是缓染还是移染,都是均衡纤维表面染料存在量的过程。染色的初期,如果纤维表面各处的染料吸附量十分接近,那么染色结束时,染料在纤维各处的最终含量也会接近一致,纺织品染色的均匀性就会得到充分地保证。综上所述,匀染剂必须对染料有缓染作用,能够适当地减缓染料上染纤维的速度。同时也必须对染料有移染作用,可以移动染料使纤维上各处的染料含量趋于一致。最后,对染色的结果没有比较明显的影响,如不能比较明显地影响染料的上染率、色光、染色鲜艳度和染色牢度等。

2.匀染剂的结构分类

由于各类染料的染色机理有所差别,所以各类染料在染色时所用的匀染剂也有所区别。作为表面活性剂的匀染剂,亲水基和疏水基在匀染剂中的位置和极性的大小、匀染剂相对分子质量的大小,都对匀染性有直接影响。无论其结构如何,作为表面活性剂的匀染剂,必须对染料有一定的亲和力,同时对纤维也具有一定的亲和力。由此可以把匀染剂分为染料亲和型与纤维亲和型两种类型。

（1）染料亲和型

染料亲和型匀染剂以聚氧乙烯型非离子表面活性剂为主,此类匀染剂在结构上必须与染料类似。与染料相比,匀染剂的相对分子质量较大。根据相似相容的原理,结构上与染料相似的匀染剂自然与染料有亲和力。染料与匀染剂相互作用以后,染料的相对分子质量就会增加,上染纤维的速率就会降低。同时,亲染料型匀染剂与染料结合以后,染液中的匀染剂会把染料包围起来,形成相对稳定的染料—匀染剂聚集体。随着染色保温时间的延续,聚集体中的染料会被逐渐释放出来,并向纤维内部扩散,完成染色过程,从而减缓染料的上染速率,达到缓染的目的。由于匀染剂与染料结构类似,所以当纤维表面吸附的染料相对集中时,与染料有亲和力的匀染剂会与相对集中的染料结合,带动染料产生移染现象。

(2)纤维亲和型

纤维亲和型匀染剂在结构上也与染料相类似,但其相对分子质量远比染料亲和型匀染剂小。染色开始后,染色温度逐渐升高,相对分子质量较小的匀染剂在染液中的热运动比染料更活跃,所以,匀染剂会先于染料吸附于纤维表面而占领"染座"。随着染色保温时间的延续,相对分子质量较大、与纤维亲和力也相对较大的染料就会逐渐取代吸附于纤维表面的匀染剂,最终上染纤维。同时,由于匀染剂在结构上与染料相似,决定了匀染剂与染料之间必然会有分子间的相互作用。这种相互作用的结果对染料取代匀染剂于纤维表面也有直接影响。无论是染料亲和型匀染剂,还是纤维亲和型匀染剂,在使用过程中都遵从染色的基本原理。

3. 匀染剂的应用分类

在实际生产中,大多按匀染剂的应用分类来使用各种匀染剂。按照纺织纤维的基本分类,可以把常用匀染剂分成纤维素纤维用匀染剂、蛋白质纤维用匀染剂和化纤用匀染剂。

(1)纤维素纤维染色用匀染剂

棉纤维、麻纤维、粘胶纤维都属于纤维素纤维。用于上述纤维染色的染料通常有直接染料、活性染料、还原染料、硫化染料、冰染染料。工艺相对简单、色谱相对较全、颜色鲜艳、牢度较好的染料主要有活性染料和还原染料。直接染料和活性染料的水溶性较好,染料的最初上染速率较低,因此,染色时使用匀染剂较少,多数用中性电解质来控制染料的上染速率。还原染料的隐色体对棉或麻纤维染色时,存在着"两高一低"现象。所谓"两高一低",就是初染率高、平衡上染百分率高、匀染性低。因此,染色时需要加入适量匀染剂。非离子型的平平加 O 就是适合于还原染料染棉或麻的匀染剂。而复配的活性染料匀染剂,则主要以良好的分散性、螯合性、缓染性、移染性、低泡性等特性,可有效地避免活性染料的盐析现象和水解现象,杜绝染料凝聚,实现均匀染色。

(2)蛋白质纤维染色用匀染剂

蛋白质纤维主要包括羊毛、蚕丝、大豆纤维、兔毛和驼毛等,其中以前三种应用较多,主要用酸性染料染色。下面以羊毛为例来讨论蛋白质纤维染色用匀染剂。羊毛纤维是蛋白质纤维中产量最高的纺织纤维,连续多年的年产量都维持在 120～130 万吨之间。为了提高羊毛纤维及织物的染色牢度,目前使用较多的是酸性媒染染料和酸性含媒染料,常用的匀染剂主要有以下几种:

● 含聚氧乙烯醚的匀染剂

这类结构的匀染剂被广泛应用于酸性染料、酸性媒染染料、中性染料的染色,通常用量为相对织物重量的 0.5%～1.5%。用量过多会影响染料上染率。

● 两性匀染剂

这类匀染剂对染料有较强的亲和力,对纤维有中等强度的亲和力,具有较强的移染能力。如果染色不均匀时,可用此匀染剂对纤维进行剥色。用此类匀染剂染色时,染液中不可加入诸如柔软剂、固色剂等其他类型的表面活性剂,且染色后必须充分水洗。

- 阳/非离子复配物

此类匀染剂使用时,染液中、织物表面都必须不含有阴离子类的表面活性剂。如果前处理洗涤织物时使用了阴离子型的净洗剂,那么染色前必须水洗充分,否则染色时若使用此类复配的匀染剂很可能会在织物表面产生染料迹。

- 阴离子化合物

此类化合物对纤维的亲和力高于对染料的亲和力,既可做匀染剂,也可做净洗剂,可提高深色织物的摩擦牢度,改善织物染后手感。如传统的雷米邦 A 和胰加漂 T 等,都是此类匀染剂。

(3)化纤染色用匀染剂

常用的化学纤维主要包括涤纶、锦纶和腈纶,其中涤纶用量最多。我国已经成为全球最大的涤纶生产国,年产量已经超过世界总产量的一半以上,这种局面还会持续多年。

- 涤纶用匀染剂

在所有的常规染色方法中,涤纶织物的染色温度最高,无论是高温高压法还是热溶染色法,其染色温度都超过了 $100℃$。因此,作为涤纶染色用匀染剂必须耐高温。通常,涤纶染色在弱酸性条件下进行,因此涤纶染色用匀染剂也必须耐酸。作为涤纶染色最常用的分散染料,其本身没有水溶性。分散染料是在分散剂的作用下均匀地分散于水中。分散剂作为分散染料的添加剂通常为阴离子型,所以分散染料匀染剂只能是阴离子型、非离子型或阴/非离子型的复配物。

高温高压间歇式绳状浸染是最常用的涤纶染色方法。染色过程中,如果染缸内的泡沫过多,就会出现打结堵缸现象。因此要求分散染料匀染剂具有低泡性。涤纶(PET)是聚对苯二甲酸乙二酯的简称,是由聚对苯二甲酸(PTA)和乙二醇(EG)经聚合反应生成的。通常情况下,PTA 和 EG 聚合后,PET 的含量在 85% 以上,就可以认为聚合反应基本完成。另外的 15% 的聚合产物主要是一些聚合度比较低的小分子酯类,通常这些小分子酯类被称作低聚物或齐聚物。低聚物主要存在于涤纶大分子的空隙内。随着染色温度的升高,低聚物会从大分子内逐渐游离出来,与分散染料通过表面吸附而着色。由于低聚物比大分子涤纶有更大的表面积,所以低聚物表面会吸附较多的分散染料,从而影响涤纶大分子的正常染色。同时,由于低聚物具有与涤纶大分子相类似的基本结构,通过与涤纶大分子的相互作用而吸附在织物表面,最终在织物表面产生色点、色花和色迹等染色疵点。因此,分散染料匀染剂必须对低聚物有良好的携带作用,避免上述现象发生。经过多年的研究,目前我国涤纶染色用匀染剂已经发展到第三代。第三代涤纶染色用匀染剂在结构上一般具有苯环,具有良好的分散性和乳化性,发泡性低,耐高温,适合小浴比染色和快速染色,耐碱、耐电解质,可防止化学浆料再沾污,对可能影响染色的常见的金属离子有络合作用。

- 腈纶用匀染剂

腈纶是聚丙烯腈的简称,俗称人造羊毛或人造毛,通常使用阳离子染料染色。纺织染整加工时,主要以腈纶短纤为主。由于腈纶纤维在加工时结构中引入了阴离子基团,所以阳离子染料上染腈纶纤维的速率比其他染料上染纤维的速率更快,更容易出现染色不匀等疵点。因此,腈纶染色用匀染剂主要以缓染为主要目的,常用的缓染剂主要包括:阴离子缓染剂、阳离子缓染剂和高分子阳离子缓染剂等。

阳离子染料与腈纶纤维以离子键结合,亲和力较大,难以通过移染来达到匀染目的,只能通过有效的缓染来实现工艺目的。除了在染色时加入匀染剂以外,降低升温速度、延长低温下的保温时间、严格控制染液的 pH 值、在染液中适量加入中性电解质,都可以起到缓染的作用。腈纶织物的浅色染色和拼色染色更加困难,染色时不仅需要加入匀染剂,还需对染料的配伍性进行甄别,否则拼色染色的重现性将会受到严重影响。缓染剂的加入量必须适量,无限制地增加缓染剂的加入量,不仅浪费匀染剂,还会影响上染率。染色工艺和染色助剂相互协调,才能更好地发挥作用,提高腈纶染色品质。

随着阳离子染料可染的改性涤纶(CDP)的大量使用,阳离子染料的用量还会进一步增加。在进行阳离子染料可染的改性涤纶染色加工时,必须加入缓染剂。如果对 CDP 纤维和 PET 纤维交织物进行一浴法染色,必须在染浴中加入屏蔽剂,以避免分散染料中的阴离子分散剂过快地与阳离子染料相互作用后产生染料凝聚现象。加工此类产品时使用分散阳离子染料,可明显降低分散染料中阴离子分散剂与分散阳离子染料聚集的机会。

● 锦纶用匀染剂

聚酰胺纤维俗称锦纶或尼龙,结构中含有氨基和羧基,可用酸性染料染色。通常用酸性染料染锦纶的中色和深色。强酸性条件下锦纶中的亚氨基吸酸产生染座,酸性染料上染率会急剧增加,形成过量吸附而在织物表面产生"黑经"或"停车痕"等染色疵点。因此锦纶染色以使用弱酸性染料为主,染色时需加入匀染剂。常用的匀染剂有:阴离子匀染剂、阴离子/非离子复合匀染剂和含有聚氧乙烯类的匀染剂。净洗剂 LS、扩散剂 NNO 等阴离子表面活性剂和平平加 O 等非离子表面活性剂都是酸性染料染锦纶的常用匀染剂。在染色加工时,合理制定染色工艺并辅助适量的匀染剂,可以明显提高酸性染料染锦纶的染色品质。染色时提前控制染色温度、采用高温染色方法、延长保温时间等,都是减少锦纶染色疵点的常用方法。

4. 匀染剂性能检测

匀染剂基本性能测试的方法较多,经常检验的项目主要包括分散性能、移染性能、缓染性能、拼色匀染性能、渗透性能、消色性能和对染色设备的沾污性。常用的匀染剂在较高浓度下对色布浅层染料都有一定的移染作用。这种移染作用就是匀染剂的剥色效果。利用匀染剂的这一基本特性,对不同批次的匀染剂进行进厂检验,可以快速、准确、有效地鉴别匀染剂的基本性能。

以分散染料染色用匀染剂为例,把藏青色成品色样置于 10g/L 浓度下的匀染剂 SE 的溶液中,用高温高压染样机在 130℃保温 30min 后看正在使用的批号和进厂检验的两个批号的匀染剂的剥色效果。首先看织物的退色效果,再看工作液的颜色。如果某一新型匀染剂的剥色效果过于明显,可以考虑将该种助剂用作专用的色花回修剂。剥色效果以目测为主。可以考虑通过电子测色系统测量剥色后试样的表面深度值 K/S,来比较新批号匀染剂的效果。

5. 匀染剂应用举例

例1:高温匀染剂 M-214

适用于涤纶及其混纺织物染色的分散匀染剂。

① 特殊性质

- 具有良好的分散、缓染和移染作用。
- 在整个染色控温区间具有良好的移染能力。
- 具有良好的透染能力。
- 无消色现象,不影响染料的最终上染率。
- 对染料的日晒牢度影响较小。
- 可减少低聚物黏附于织物表面。
- pH 应用范围广,可达到 4～8。
- 在常规浓度下对电解质稳定。

② 基本状态
- 化学组成:表面活性剂的复配物。
- 离子性:阴/非离子。
- 外观:浅棕色粘稠液体。
- 水溶性:易溶于水。
- pH 值:7～8。
- 储存:出厂后常温下可密闭储存 12 个月。

③ 应用资料

用量取决于工艺要求、被染织物特性、染色设备等因素,常用的使用量为 0.5～1.5g/L。使用前可通过实验室小试确定实际生产中的加入量。高温高压绳状浸染的加入量通常为 0.5～1.2g/L,低浴比的筒纱染色用量为 0.5～1.5g/L。

例 2:纱用高温匀染剂 M-2104C

用于涤纶纱和涤纶混纺纱染色的高温分散匀染剂。

① 特殊性质
- 对分散染料有良好的分散、透染能力。
- 可防止纱线染色时出现过滤现象,防止染料聚集,克服层差和色花现象。
- 具有良好的缓染、移染能力。
- 可减少低聚物黏附现象的产生。
- 无消色现象,不影响染料的最终上染率。
- 对染料的日晒牢度影响较小。
- 应用范围广,pH 值可达到 3～10。
- 在常规浓度下对电解质稳定。

② 基本状态
- 化学组成:表面活性剂的复配物。
- 离子性:阴/非离子。
- 外观:浅黄色粘稠液体。
- 水溶性:易溶于水。
- pH 值:3～5。
- 起泡性:低泡。
- 储存:出厂后常温下可密闭储存 12 个月。

③ 应用资料

用量取决于工艺要求、被染纱线特性、染色设备等因素，常用的使用量为 0.5～2g/L。使用前可通过实验室小试确定实际生产中的加入量。高温高压绳状浸染的加入量通常为 0.5～1.5g/L，低浴比的筒纱染色用量为 1～2g/L。

例 3：尼龙匀染剂 M-2200

适用于尼龙染色的匀染剂，也可用于尼龙织物色花的回修。

① 特殊性质

● 可消除尼龙纤维之间对染料亲和力的差异，对尼龙织物染色中容易出现的经条和横档具有良好的遮盖能力。

● 具有良好的缓染和移染能力，对染料的上染没有影响。

② 基本状态

● 化学组成：表面活性剂的复配物。

● 离子性：两性离子。

● 外观：深褐色液体。

● 水溶性：易溶于水。

● pH 值：6～8。

● 稳定性：耐碱、耐酸、耐电解质、耐硬水。

● 储存：出厂后常温下可密闭储存 12 个月。

③ 应用资料

● 常规织物染色

加入量：用量取决于织物颜色的深浅、染料的种类。浅色织物的加入量为相对织物重量的 1.5%～2%；中色织物的加入量为相对织物重量的 1%～1.5%；深色织物的加入量为相对织物重量的 0.5%～1%。

使用步骤：根据织物和染料的特性，将 M-2200 放入 20～50℃的染浴后调整染浴的 pH 值，随即加入事先溶解的染料，再次检查染浴的 pH 值，升温至 98℃，保温时间一般为 30～60min。染浴的 pH 值可通过染色酸或缓冲溶液来调节，调节的具体数值取决于染料类型。

● 纬向易出横条织物的煮练

对于那些在染色中非常容易出现横向色档和色条的尼龙织物，可以通过染色前的煮练来消除。具体的工艺如下：

工艺条件：

温度：	98℃
时间：	30min

工艺配方：

冰醋酸：	1mL/L
M-2200：	3%～4%(o.m.f.)

工艺设备：

绳状染色机或平幅卷染机。

● 色花回修

尼龙染色用匀染剂 M-2200 也可用于尼龙织物的色花回修,具体的工艺如下:

M-2200:	3%~4%(o.m.f.)
温度:	98℃
时间:	30min

例4:腈纶匀染剂 M-2402

适用于腈纶纤维阳离子染料染色的匀染剂,也可用于阳离子染料印花。

① 特殊性质

● 适度的缓染能力,使纤维得色均匀。

● 具有良好的渗透能力,使腈纶纤维手感更加柔软。

● 高温下可适当减少染色时间。

● 无消色现象,不影响染料的最终上染率。

● 复染性优良,明显优于匀染剂 1227。

● 在常规浓度下对电解质稳定。

② 基本状态

● 化学组成:阳离子表面活性剂。

● 离子性:阳离子。

● 外观:无色至淡黄色透明液体。

● 水溶性:易溶于水。

● pH 值:5~7。

● 储存:出厂后常温下可密闭储存 12 个月。

③ 应用资料

用量取决于工艺要求和染色深度,常用的使用量为相对织物重量的 0.5%~3%。浅色用量为相对织物重量的 1.5%~3%;中色和深色的用量为相对织物重量的 1%~1.5%。若采用快速染色方法,则用量需再增加 1%,同时要求 85℃ 以后适度降低升温速度,而保温时可适度缩短保温时间。

6. 高温匀染剂性能测试实验

参照本任务的有关内容和本书附录中实验 3 的有关内容,自行设计实验方案,测试高温匀染剂的基本性能。可通过实验报告、实验数据、实验分析、实验结论和实验思考题回答等方面,判定学生的实验设计能力和实验设计水平。

任务 2:防泳移剂应用

基本要求:

学会使用防泳移剂。

1. 前言

在本项目的任务 1 中介绍了匀染剂通过移染或缓染作用,实现了纺织品染色的均匀性。

纺织品染整加工主要有连续式加工和间歇式加工两种方式,任务 1 中的匀染剂使用时,加工方式多为间歇式。连续式轧染中容易发生染料的泳移,会使得纺织品染色出现不均匀现象。因此需要在连续式染色加工中使用防止染料产生泳移现象的防泳移剂。实际上,连续式染色加工中使用的防泳移剂也是匀染剂的一种。由于染色的加工方式不同,所以产生染色不匀的原因也明显不同。连续式染色时使用的匀染剂被称作防泳移剂。

物质从浓度较高的区域向浓度较低的区域移动的现象通常被称作物质的扩散现象。一滴墨水滴入体积适中且装满水的容器后,随着时间的推移,容器内各区域的墨水浓度最终会趋于一致。在固定体积的房间内喷洒驱蚊剂,过一段时间后,房间内各处的驱蚊剂含量也会基本相同。实际上,驱蚊剂在房间内空气中的均匀分散过程与墨水在水中的溶解过程类似,都是某种物质在另外一种物质中的扩散。发生扩散的基本条件是存在浓度差异和载体。在墨水溶解过程的初期,墨水刚滴入的区域与水中的其他区域明显存在着墨水浓度的差异,提供墨水均匀扩散的空间就是装满水的容器。在这个过程中,水就是扩散的载体。

在日常生活中,人们经常洗衣服。有些在校的大学男生可能会有这样的经验,在加入洗衣粉的水中浸泡时间过长的衣服,如果不用清水充分水洗,衣服晒干以后表面有时会残留一些白色痕迹。夏日里由于人们出汗过多,会在深颜色的衬衫上留下白色痕迹。染色以后因堆放时间过长而没能及时烘干的深颜色织物,在可接触空气的织物表面会残留一些污迹。人们知道,水的相对分子质量较小,液体状态下遇到干热空气易挥发。被水溶解的物质的相对分子质量较大,在干热空气作用下不易挥发。局部区域内某种均匀溶液中的溶液逐渐挥发以后,该区域的溶质浓度会逐渐提高。根据扩散原理,当某区域中某种物质的浓度发生变化以后,其他区域的该物质自然会向该区域扩散。上述三个事例中,产生最终结果的主要原因都是如此。与干热空气接触的染色后堆置时间过长的织物表面会产生污迹,就是因为该区域水分蒸发以后,区域含水量下降,周边区域的水分会向该区域扩散。扩散过程中把溶于水中的各种染化药剂残留物一同"转移"至水分容易挥发的区域。当该区域的水分大部分被蒸发以后,逐渐堆积在该区域的残留物就会形成污迹。

纺织品连续染色时,产品多以平幅状态存在。浸轧染液后织物表面吸附大量染料,这些吸附的染料以染液为载体。浸轧染液以后的流程通常为预烘和焙烘。无论是预烘还是焙烘,都是干热空气作用于平幅运行的织物表面。目的是通过加热将能量传递给吸附于织物表面的染料,使之进一步向纤维内部扩散和渗透,完成染色过程。在这个过程中,染液中的水分会出现蒸发现象。如果水分蒸发不均匀,将会在织物表面产生染色不均匀现象。为了避免这种现象的发生,就需要加入匀染剂。通常,人在水中的自主移动被称作游泳。那么在染色过程中染料随着染液中水分的蒸发而发生移动的现象,通常被称作泳移。平幅染色加工过程中,织物在预烘和焙烘时由于染液中水分的蒸发就会产生明显的染料泳移现象,从而导致织物的左右色差、中边色差和头尾色差。为消除各种色差现象,不仅需要严格控制染色配方、染色工艺条件、染色设备和染整加工流程,还需要加入防泳移剂。即使均匀的烘干也会导致织物表面水分的不均匀挥发,所以,通过设备、工艺的调整来消除染料的泳移几乎是不可能的。因此,通过在染色时加入助剂来遏制泳移现象的出现就显得非常重要。

2. 防泳移剂的特性

防泳移剂大多为高分子化合物,其大分子可提供染料吸附的空间。染料与防泳移剂吸附后形成较松散的凝聚体,当凝聚体的颗粒大于纤维之间的毛细管直径时,染料凝聚体就会滞留在纤维的毛细管中,不会随着水分子的挥发产生泳移现象,从而避免产生染色疵点。通常,防泳移剂与染料的凝聚能力越强,防泳移效果越明显。早期的防泳移剂主要为海藻酸钠,因其不利于染液的稳定,逐渐被淘汰。目前应用较多的主要是丙烯酸钠盐类防泳移剂。该类防泳移剂在使用时具有染液稳定性好、给色量高、染料适应性强等特点。另外,因成本较轻、防泳移效果好、给色量高、废水处理压力小等特点,用果胶做防泳移剂的企业也越来越多。通过以上介绍,防泳移剂作为连续染色用的主要助剂必须具有以下特性:

① 具有较强的防泳移能力,可防止布面的染色疵点;

② 与染料相容性好,提高染液稳定性;

③ 不能与染料产生各种反应,影响染料的上染;

④ 不沾污轧辊和其他辊筒;

⑤ 起泡性低,可防止因泡沫而产生染疵;

⑥ 能提高染液的给色量和固色率。

3. 防泳移剂性能测试

防泳移剂效果越明显,染料的泳移现象越不明显。因此可以通过测试染品表面残留染料的泳移性来判定防泳移剂的基本性能。染料泳移性测试可参照 GB 4464—1984 的要求进行,测试结果可以通过多种方式表达。常用的表达方式有目测评定法、反射值评定法和透射率评定法。也可通过浸轧漂白织物来测定防泳移剂的基本性能。测试时,轧余率为 60% 左右时便于测量。

4. 防泳移剂应用举例

例 1:防泳移剂 M-103A

适用于连续式染色的防泳移剂。

① 特殊性质

● 能有效阻止染料颗粒和染料分子在烘干时于织物表面的泳移,提高染色产品的匀染程度和透染程度。

● 对常见的染色疵点有明显的遮盖作用。

● 能缓和与降低敏感颜色染色时的工艺条件。

● 能减少织物的前后色差。

● 出色的稳定性可减少染料对设备的沾污。

● 适用于分散染料、还原染料、活性染料染色,特别适用于活性染料。

● 操作方便,相容性好,工作液不会产生泡沫。

● 满足新版 Oeko-Tex Standard 100 标准要求。

② 基本状态

● 化学组成:高分子盐类聚合物。

● 离子性:阴离子。

● 外观:浅黄色粘稠液体。

● 水溶性:易溶于水。

● pH 值:6~8。

● 起泡性:无泡。
● 储存:出厂后常温下可密闭储存 12 个月。
③ 应用资料
具体用量主要根据织物的颜色深浅和染料类型决定。一般的参考用量为 10～25g/L。

任务 3:固色剂应用

基本要求:
1.知道固色剂的分类;
2.会使用常用固色剂。

1. 前言

在纺织品染色加工中,经常使用固色剂。如直接染料、活性染料、酸性染料染色时都使用固色剂,而且染深颜色时使用更多。顾名思义,在染色中使用的固色剂,就是可以提高染料在纤维表层固着能力的染整助剂。染色过程通常包括染料在纤维表面的吸附、向纤维内部扩散、在纤维内部固着三个阶段。如果吸附在纤维表面的染料未能完全扩散到纤维内部,且在染色结束前未能离开纤维表面,那么就很有可能在后来的纺织品服用过程中因外界条件的变化从纤维表面脱离。染料在纺织品服用过程中从纤维表面脱离,实际上就是染色牢度较差的具体表现。如纺织品的水洗牢度、摩擦牢度、汗渍牢度、熨烫牢度等都与上述现象有密切关系。实际上,染料品质是影响纺织品染色牢度的最直接和最主要的因素,而关于染料品质对染色牢度的影响不是本任务的重点。

从上述讨论中不难发现,加强纺织品染色之后的水洗和皂洗可以明显提高各种染色牢度。但是在水资源日渐宝贵的今日,染色用水和废水处理成本明显增加,使通过水洗来提高染色牢度的加工方式逐渐为其他加工方式所取代。在诸多的其他加工方式中,使用固色剂来提高染色牢度的做法最简单、最有效。实际上,加强水洗和加强固色是提高染色牢度最常用的两种方法。当环境问题成为影响我国持续发展的主要问题时,大量使用环保型固色剂自然就成为提高纺织品染色牢度的主要方法。

前面的有关任务中指出,染料的水溶性越强,亲水性就越明显,对纤维的亲和力就会下降,从而通过缓染达到匀染的目的。染料的水溶性也会影响染料的扩散性。吸附在纤维表面的染料,其水溶性越强,向纤维内部扩散的趋势就会相对减弱。这也是直接染料、活性染料和酸性染料这些水溶性较好的染料在染色时需要通过固色剂来提高染色牢度的主要原因之一。因此,通过固色剂封闭纤维表面残留染料的水溶性基团或者通过固色剂增加纤维表面染料与纤维的亲和力,都是提高染色牢度的主要方法。提高染色牢度主要指提高纺织品的水洗牢度、摩擦牢度和日晒牢度。通过固色处理提高纺织品的水洗牢度和摩擦牢度在工艺上容易实现,而且效果明显。通常,人们习惯上把固色处理过程中使用的染整助剂统称为固色剂。实际上,能够明显提高深色织物摩擦牢度的摩擦牢度改进剂也属于固色剂的一种。有的摩擦牢度促进剂可以把深颜色纺织品的湿摩擦牢度提高 2 级以上。如用硫化黑染棉织物,湿摩擦牢度通常为1级。而在后整理时通过浸轧摩擦牢度改进剂,产品的湿摩擦牢度可达3级以上。

固色剂的基本作用原理如下:

① 在织物上生成不溶性沉淀物质,封闭染料中的可溶性基团,使染料不溶于水,从而提高染色的水洗牢度。

② 在织物表面形成网状薄膜,阻止染料从纤维表面脱落,阻止纤维表面的染料溶于水。

③ 与纤维和染料上的反应性基团反应,提高纤维表面的染料与纤维的亲和力,达到固着目的。

④ 通过固色剂与纤维分子间的相互作用,增加固色剂与纤维之间的引力,提高染色牢度。

作为固色剂,必须满足以下基本要求,才能称得上品质优良:

① 可提高染色牢度。

② 能适用于多种染料的固色。

③ 与纤维亲和力较强。

④ 对织物颜色影响较小。

⑤ 对织物手感影响较小。

⑥ 对织物强力影响较小。

2. 固色剂分类

固色剂的分类方法主要有两种,一种是按固色剂的结构分类,另一种是按固色剂的应用范围分类。按固色剂结构分类较常用,但这种分类方法对于初学者来说较难掌握,有利于固色剂的生产者,不利于固色剂的应用者。按固色剂结构分类,主要是按照固色剂的离子类型分类。而按应用范围对固色剂分类,有利于固色剂的使用者。该种分类方法沿用对染料的应用分类,经常把固色剂命名为直接染料固色剂、活性染料固色剂、酸性染料固色剂等等。这种分类方法虽然有利于初学者掌握,但显得不够简洁。也有按固色剂对纤维的反应性把固色剂分为反应性固色剂和非反应性固色剂。实际上,固色剂与纤维的反应性主要与固色剂的结构有关。如果按照应用目的和作用原理,也可以把固色剂分为湿牢度提高用固色剂和其他牢度提高用固色剂。而固色剂的该种分类方法属于综合性分类方法。总之,只要有利于提高纺织品染整加工品质,无论采用哪一种方法对固色剂进行分类,都是可行的。为了有利于初学者尽快掌握常用固色剂的应用方法,本任务对固色剂的分类采用应用分类方法。

(1)直接染料用固色剂

直接染料染色具有工艺简单、成本较低、色谱齐全等特点,被比较广泛地应用在纤维素纤维制品的染色中。染色牢度较低是直接染料的主要特点。为提高直接染料的染色牢度,一般需要在染色后进行固色处理。直接染料染色最常用的固色剂有两类,一类是金属盐固色剂,一类是阳离子固色剂,其中阳离子固色剂应用较多。

① 金属盐类固色剂

有些直接染料分子中含有可与某些金属离子形成稳定络合物的结构,由此可提高直接染料的染色牢度。常用的金属盐固色剂有铜盐和铬盐,硫酸铜、醋酸铜都是十分常用的直接染料固色剂。经铜盐处理后,织物颜色会显得更加暗淡。铜盐固色剂处理后,需要充分的水洗,以进一步提高颜色鲜艳度,减少织物表面的铜盐残留。虽然金属盐固色剂在使用时可以提高直接染料的耐日晒牢度,但是,当金属盐固色剂的加入量过多且水洗不净时,会在织物表面形成固色斑。金属铜盐固色剂在间歇式染色加工时的相关工艺如下:

硫酸铜:	0.5%～2.5%(o.m.f.)
冰醋酸:	1%～2%(o.m.f.)
工艺温度:	50℃
工艺时间:	30min 以内
浴比:	1∶12

② 阳离子类固色剂

直接染料属于阴离子染料,阳离子固色剂分子中的阳离子基团可与直接染料中的阴离子基团结合。固色剂把染料中的极性基团封闭以后,可在纤维表面形成沉淀,以此来提高直接染料的染色牢度。常用的阳离子类固色剂主要包括普通型、树脂型和反应型三种。

● 普通型阳离子固色剂

与阴离子染料结合,在纤维表面形成相对分子质量较大、水溶性较差的沉淀物,是此类固色剂的基本作用原理。而含有多个阳离子基的季铵盐型固色剂,在阳离子固色剂中,固色效果最好,对染料耐晒牢度的影响也最小。普通型阳离子固色剂对各种结构的直接染料都适用,固色处理工艺简单、处理后颜色变化小,是其主要特点。此类固色剂因固色效果逊于树脂型固色剂和反应型固色剂而较少使用。

● 树脂型固色剂

直接染料固色处理中使用较多的固色剂 M 和固色剂 Y 就属于树脂型固色剂。树脂型固色剂本身的相对分子质量较大,结构中有多个阳离子基团,可与直接染料分子中的水溶性基团作用,降低其水溶性。固色处理后的烘燥可使固色剂在织物表面形成树脂薄膜,从而提高直接染料的染色牢度。固色剂 Y 有较高的游离甲醛释放量,不符合生态纺织品基本要求。将固色剂 Y 与铜盐作用可形成固色剂 M,所以,固色剂 M 也存在游离甲醛问题。固色剂 M 中含有铜盐,固色剂 Y 适用于中浅色,固色剂 M 则适用于深色。随着颜色的深浅,固色剂 Y 和固色剂 M 的加入量会有所变化。浅颜色固色时,固色剂的加入量较低,通常为相对织物重量的 1%～2%;中色的加入量为相对织物重量的 2%～3%;深色的加入量为相对织物重量的 3%～5%,工艺条件与金属盐类固色剂类似。

● 反应型固色剂

反应型固色剂也称作交联固色剂。大多数交联型固色剂都属于无甲醛固色剂,所以应用较多。这类固色剂分子中含有能与纤维键合的活性基团,也含有能与染料结合的阳离子基团。固色后的烘干可使反应型固色剂与纤维和染料充分结合,从而提高染色牢度。在固色时反应型固色剂的加入量通常为相对织物重量的 1%～2%,其他的工艺条件与金属盐类固色剂类似。

(2)活性染料用固色剂

在一定的碱性和温度条件下,活性染料的活性基团与纤维形成共价键结合而固着在纤维上的过程就是固色。因此,可以说碱剂就是活性染料的固色剂。活性染料常用的固色碱剂有碳酸氢钠、碳酸钠、磷酸三钠、氢氧化钠和混合用碱剂等。活性染料固色用替代碱剂的开发,逐渐成为染整助剂研发的热点。活性染料常用固色剂的选择、用量的确定和工艺条件的确定,与活性染料的类型及染色方法有关。浸染工艺常选用纯碱做固色剂,用量随颜色深浅而定,一般用量为 30g/L 以下;X 型活性染料一浴一步法染色固色时,纯碱的加入量更低,通常在 10g/L 以下。固色时间为 20min,固色的 pH 值在 9~11 之间,固色温度与染色温度密切相关。卷染和轧染时使用的固色剂品种相对丰富,除 X 型染料用量较低以外,其余类型的活性染料固色剂的加入量大多在 30g/L 以下。同样,染色时颜色越深,固色剂加入量越大。冷轧堆染色时固色剂使用的基本要求与其他染色方法类似。

由于活性染料在纤维素纤维制品染色中使用较多,所以活性染料固色剂还必须满足一些其他要求。因活性染料不耐酸,所以酸性条件下活性染料容易水解。人体排出的汗液中有酸性物质,可使活性染料水解。为提高染品的耐汗渍牢度,可通过固色剂的吸酸性来缓冲汗液中酸性物质对活性染料的水解作用。自来水中残留的氯气对活性染料具有氧化作用。长期用自来水洗涤活性染料染色的衣物,衣物就会出现褪色现象。为改变这种现象,可在活性染料固色剂中增加抗氧化成分,以减缓自来水中的残留氯对活性染料产生结构性的破坏作用。

(3)酸性染料用固色剂

酸性染料在染中浅色锦纶制品时,需要进行固色处理,以提高染色牢度。常用的固色剂为单宁酸—吐酒石和锦纶专用固色剂。单宁酸对锦纶有亲和力,在纤维上与吐酒石反应生成单宁酸锑沉淀,堵塞了酸性染料从纤维上脱离后溶于水的通道,从而减少褪色,提高染色牢度。锦纶专用固色剂大多为合成的单宁,可替代单宁酸—吐酒石固色剂。在使用锦纶专用固色剂时,必须考虑固色剂的环保性。酸性染料间歇式浸染中浅色锦纶制品时,单宁酸—吐酒石固色处理的具体工艺如下:

单宁酸加入温度:	50℃
工艺温度:	70℃
处理时间:	20min
单宁酸加入量:	1%~2%(o.m.f.)
冰醋酸加入量:	1%(o.m.f.)
吐酒石加入温度:	70℃
工艺温度:	75℃
处理时间:	20min
浴比:	1:15

3. 固色剂性能检测

通过比较固色剂对染色牢度的影响,可以判定固色剂的基本性能。通过比较固色前后织物的颜色变化、水洗牢度变化、摩擦牢度变化、汗渍牢度变化、日晒牢度变化,可判定不同批次固色剂的基本性能。

4. 固色剂应用举例

例 1:活性染料代用碱 M-231P

可替代活性染料染色时所用的各种碱剂。

① 特殊性质

- 适用于活性染料纤维素纤维及其制品的浸染。
- 具有较好的染色渗透力和染料溶解度。
- 可保证染色牢度、色光鲜艳度和匀染性。
- 具有良好的 pH 值缓冲能力。
- 用量低,通常可以达到纯碱的十分之一。
- 染色后容易清洗。

② 基本状态

- 外观:白色粉末。
- 水溶性:易溶于水。
- 1‰水溶液的 pH 值:≥11。
- 溶解温度:≥30℃。
- 同浴稳定性:可与阴离子、非离子助剂同浴使用。
- 起泡性:无泡。
- 储存:出厂后常温可密闭储存 12 个月。

③ 应用资料

适用于喷射溢流染色机、筒子纱染色机的染色加工。具体用量可参考表格 3-1 中的有关数据。

表 3-1　代用碱用量参考值

染料(o. m. f.)	≤0.05	0.1	0.5	1	2	3	4	≥5
代用碱用量(g/L)	0.8~1.2	1.2~1.6	1.4~1.8	1.6~2	1.8~2.2	1.8~2.2	1.8~2.2	2~2.5

例 2:高效固色剂 M-290T

可提高活性染料染色和印花色牢度的无醛固色剂。

① 特殊性能

- 耐硬水、耐酸、耐碱、耐盐。
- 能改善活性染料染色湿牢度。
- 适合于后丝光加工的固色处理。
- 不影响织物手感和缝纫性能。
- 基本不影响日晒牢度和色光。
- 不含甲醛。

② 基本状态

- 化学组成:阳离子聚合物。
- 离子性:阳离子。
- 外观:棕色透明液体。
- 水溶性:易溶于水。
- pH 值:2~4。
- 起泡性:无泡。
- 储存:出厂后常温下可密闭储存 12 个月。

③ 应用资料

织物经染色、皂洗后,用高效固色剂 M-290K,在 pH 值为 5.5~6.5、温度为 50~70℃的条件下处理 20min,即可获得良好的固色效果。升温前固色剂应先运行 2min,固色剂加入量主要取决于织物的颜色深浅。浸渍法染色时,固色剂加入量为相对织物重量的 1%~3%,颜色越深,加入量越多。浸轧法染色时,固色剂加入量为 20~40g/L。在后整理工序中浸轧固色剂时,整理剂的离子类型必须为非离子或阳离子型。当定形时发现色花后,若剥色回修,必须先剥除织物表面的固色剂,否则就会在织物表面出现"固色斑"。剥除固色剂时可采用固色剂的剥除剂,剥除配方和工艺如下:

固色剂剥除剂:	3~5g/L
36°Bé 液碱:	8~10g/L
工艺温度:	85℃
工艺时间:	20min

剥色工艺结束后,织物上的颜色大部分会与固色剂一同被剥除。经充分水洗后可重新染色。

例 3:锦纶固色剂 M-2930

能显著增强锦纶染色牢度的固色剂。

① 特殊性质

● 能提高锦纶纤维酸性染料染色的牢度。

● 不影响染料的耐晒牢度。

② 基本状态

● 化学组成:芳基磺酸聚合物。

● 离子性:阴离子。

● 外观:棕色液体。

● 水溶性:易溶于水。

● pH 值:7~9。

● 储存:出厂后常温下可密闭储存 12 个月。

③ 应用资料

固色剂 M-2930 的用量需根据织物颜色深浅而定,一般用量为相对织物重量的 1%~5%。固色前需充分水洗。固色时的 pH 值为 4~5,固色温度在 70~80℃之间,工艺时间为 20~30min。也可在后整理时对织物进行固色处理。当定形温度为 190℃以下时,增加固色剂 M-2930 的用量,可适当增强织物的固色效果。若采用后整理工序固色,在调解固色工作液 pH 值时,不可将浓酸直接加入固色剂原液,否则易出现固色剂沉淀。当因酸性过强而出现固色剂沉淀时,可加入适量氨水使沉淀物重新溶于水。另外,若固色前织物表面残留阳离子表面活性剂,则会影响固色效果。若固色后发现织物表面存在较多"固色斑"时,可采用氨水剥除固色剂 M-2930,工艺温度为 70~80℃,工艺时间为 15~20min。

例 4:湿摩牢度改进剂 WFF

织物摩擦牢度改进剂。

① 特殊性质

- 改善织物摩擦牢度,一般可提高湿摩牢度 2 级以上。
- 适用于直接染料、活性染料、分散染料、涂料的染色和印花。
- 可改善织物手感。
- 不含甲醛。
- 不影响织物色光。

② 基本状态

- 化学组成:高分子聚合物的混合物。
- 离子性:弱阳离子。
- 外观:乳白色或淡棕色液体。
- pH 值:4～5。
- 起泡性:无泡。
- 储存:出厂后常温下可密闭储存 12 个月。

③ 应用资料

在后整理工序中通过浸轧摩擦牢度改进剂,来提高织物的干湿摩擦牢度。通常的加入量为 10～30g/L。两浸两轧的效果好于一浸一轧,建议的轧余率为 90% 以下。常规的浸轧工艺流程为:

浸轧改进剂→预烘→焙烘

可通过降低定形车速来保证织物的充分润湿,定形车速提高以后,可通过提高摩擦牢度改进剂的用量来保证浸轧效果。预烘温度不可超过 120℃,焙烘温度不可低于 140℃,建议的焙烘工艺条件为 165℃×60s。190℃×40s 的焙烘效果不如 165℃×60s。烘筒烘燥设备不适用于浸轧摩擦牢度改进剂的预烘。

任务 4:皂洗剂应用

基本要求:

1. 学会应用皂洗剂;
2. 知道固色、皂洗和还原清洗等不同工序的联系和区别。

1. 前言

在纺织品染整加工过程中,前处理的目的主要是去除杂质,提高织物染色性能;染色的目的是赋予纺织品颜色;而同属于后处理的固色处理和皂洗处理,其主要目的则是提高染色牢度。在本项目任务 3 中重点讨论了通过固色剂来提高染色牢度的工艺方法。除此之外,通过皂洗剂也可以明显提高纺织品染色牢度。

众所周知,织物染色时,人们希望染料充分上染;固色时,人们则希望残留于织物表面的染料充分与纤维结合;而皂洗时,人们希望残留于织物表面的染料在皂洗剂的作用下脱离织物表面后充分溶于洗涤液。通俗地说,染色的目的就是让该上染的染料都上染,固色的目的就是让没有充分上染的染料充分上染;而皂洗的主要目的则是让没有充分上染的染料充分溶于水。充分上染、充分结合、充分溶解,分别是上述三个不同工序的主要目的。固色工序与皂洗工序的工艺方法不同,但其工艺目的相同,都是为了提高染色牢度,因此可以说固色和皂洗是一个问题的两个方面。

最早的皂洗是在染色后对织物进行水洗时加入肥皂,所以人们习惯性地把染色后旨在去除织物表面残留染料的洗涤过程称作皂洗。通常,人们也把染色后残留在织物表面的染料称作"浮色"。残留在织物表面的浮色不仅包括黏附在织物表面的染料,还包括水解染料和其他染料内添加的各种助剂。在去除浮色的水洗过程中加入适量洗涤剂,可以明显提高洗涤效果。洗涤时加入适量洗涤剂是皂洗的主要工艺特征。同时,提高洗涤温度可以提高洗涤效率。所以,皂洗时保持一定的工艺温度也有利于去除浮色。直接染料、活性染料、酸性染料、还原染料、硫化染料、阳离子染料和不溶性偶氮染料染色后旨在去除织物表面浮色的洗涤过程都属于皂洗。相对特殊的是分散染料的后处理,通常也被称作还原清洗。分散染料后处理过程中加入的主要助剂是纯碱和保险粉。利用碱性条件下保险粉的还原能力可以还原织物表面的分散染料。经保险粉还原的分散染料可溶于处理液,以此达到提高染色牢度的目的。因此,分散染料的还原清洗与上述各种染料染色后的皂洗工艺目的相同,都是利用染整助剂经水洗后去除织物表面浮色。为提高分散染料染色后还原清洗的效率,洗涤时也可加入适量洗涤剂。此时使用的洗涤剂,不仅需要耐碱,还需要耐还原剂。

随着染整技术的不断进步,染整助剂无论是在数量上还是在品质上都发展很快。有些传统意义上的后处理可以前移到染色工序中。分散染料染色过程中就可以加入新型助剂。该种助剂在染色过程中可去除织物表面的浮色。关于该种助剂的应用方法,会在应用举例和阅读材料中详细介绍。

印花加工属于纺织品的局部染色,为了提高印花产品的染色牢度,去除印花浆料与浮色,改善织物手感,印花后的水洗也必须加入适量皂洗剂。活性染料固色后,织物表面会存在水解染料,超过染色温度的皂洗是去除这些水解染料的基本手段。纺织品前处理和染色加工时,需要使用大量染化药剂和染整助剂。在后整理之前若不能充分去除织物表面残留的各种染化药剂和染整助剂,很可能影响整理效果。因此,作为皂洗剂必须满足以下多种要求,才能在纺织品染整加工中广泛使用:

① 能充分去除浮色,提高织物染色湿牢度和染色鲜艳度。

② 能尽量去除各种残留物,改善织物手感,体现织物风格。

③ 不影响染料上染,不会引起颜色变化。

④ 具有较好的耐硬水、耐碱、耐还原或耐酸、耐氧化能力。

⑤ 对纤维亲和力小,对染料和助剂的亲和力大,可防止染料再次沾污。

⑥ 常温下洗涤效果明显,节水节能效果好。

在本书项目2中曾系统地介绍过前处理阶段使用的净洗剂。就皂洗剂而言,仅仅具有净洗能力是远远不够的。肥皂作为最早使用的皂洗剂,虽具有较好的洗涤能力,但因其防止再次沾污的能力较差,染整加工中使用的越来越少。目前使用的皂洗剂大多为经过复配的高效皂洗剂。活性染料皂洗时使用的洗衣粉就属于复配的高效洗涤剂。为了实现节能、节水、减排、高效的加工目的,酶洗涤工艺得到了快速发展。酶洗涤需要过氧化酶、中介物和过氧化物。在洗涤时过氧化物提供氧原子,中介物作为保护剂可使氧原子仅仅对织物表面"浮色"进行充分地氧化,而氧化酶则在洗涤过程中起催化作用,极大地提高了氧原子在织物表面的氧化效率。正因为整个过程在常温下进行,所以可以实现节能、节水、环保、高效的加工目的。

2. 皂洗剂分类

染料类型不同,染色工艺不同,染色后的皂洗工艺区别较大。皂洗工艺的区别主要表现在工艺条件和工艺配方两个方面,其中皂洗剂的选择至关重要。

(1)直接染料皂洗剂

直接染料的染色牢度较低,染色后进行固色处理。除反应型固色剂固色后直接烘干外,其余常规固色剂在使用后都需水洗,以进一步提高染色牢度。为提高固色后的水洗效率,水洗时可加入适量皂洗剂。直接染料固色后,水洗用皂洗剂的加入量较少,以 0.5g/L 为宜,水洗温度不宜超过固色温度,工艺时间以 15min 为宜。加入的皂洗剂以净洗剂为主,液皂、洗衣粉、净洗剂 209 都可以满足工艺要求。

(2)活性染料皂洗剂

活性染料固色后的皂洗工艺条件是所有染料染色后皂洗中相对苛刻的,通常为 90～95℃,时间为 2～5min,皂洗剂的加入量为 2g/L 左右。适用于直接染料水洗中加入的净洗剂,也适合于活性染料。活性染料的类型较多,染色温度相差较大。因此,皂洗的工艺条件与活性染料的染色温度联系密切。染色温度较高,皂洗的温度可选择 95℃,皂洗时间也可选择为 5min;染色温度较低,皂洗温度可选择 90℃,皂洗时间可选择为 2min。最常用的活性染料皂洗剂为工业用液体肥皂。

(3)酸性染料皂洗剂

因为纯毛织物十分珍贵,所以,为了提高毛织物的染色牢度,通常采用酸性媒染料和酸性含媒染料。酸性染料染锦纶中深色时需要固色和水洗。固色后充分水洗可明显提高锦纶织物的染色牢度。为节约用水,水洗时加入适量洗涤剂可明显提高洗涤效果。洗涤温度通常为 50℃,洗涤时间 15min 左右。为保持颜色的准确性,常规酸性染料的皂洗温度通常低于其染色温度和固色温度。洗涤时加入的皂洗剂用量通常为 1g/L 左右。酸性染料常用的皂洗剂为工业用液体肥皂和其他洗涤剂。洗涤剂的离子类型通常为阴离子型或非离子型。

(4)分散染料皂洗剂

分散染料传统的后处理使用纯碱和保险粉。由于染色时浴比相对稳定,所以,用相对织物百分比重量和"g/L"为单位计量药剂的加入量,相差不大。通常,纯碱的加入量为相对织物重量的 0.5%～0.75%,保险粉的加入量为相对织物重量的 0.75%～1%。颜色偏深时,保险粉的加入量可适当调高到 1.5%。实际生产中,使用的保险粉的有效成分含量为 85%。后处理的工艺温度通常为 70～80℃,工艺时间为 20min 左右。先加入纯碱调节 pH 值,升至工艺温度后用热水溶解保险粉,并将保险粉水溶液加入染色设备之内,达到工艺时间后放掉处理液。之后的水洗可以加入高效洗涤剂。后处理以后的洗涤温度通常为 50℃,时间为 15min 左右,加入洗涤剂的用量为 1g/L 左右。工业用液体肥皂、洗衣粉都可以作为洗涤剂。新开发的分散染料酸性还原清洗剂与传统的纯碱和保险粉后处理工艺相比,具有节约工艺时间、节约用水等特点。具体的工艺介绍见皂洗剂应用举例。

(5)其他染料皂洗剂

还原染料、硫化染料、不溶性偶氮染料、阳离子染料染色后的水洗都可以提高染品的染色牢度。水洗时加入适量净洗剂可以充分提高洗涤效果。具体的加入量、工艺温度和工艺时间与具体使用的染料结构特点、织物颜色深浅和织物染色工艺特点有关。

3. 皂洗剂性能测试

皂洗通常在固色后进行,因此在选用皂洗剂时,必须考虑皂洗剂与固色剂的相容性。如果阳离子型固色剂的残留量较大,那么阴离子型的皂洗剂就可能与残留的固色剂发生反应,从而影响皂洗剂在皂洗中充分发挥作用。固色剂与皂洗剂的相容性可通过观察两种助剂拼混后的稳定性来验证。相容性评价可分为相容、基本相容和不相容三种状态。

皂洗剂基本性能主要指皂洗剂的皂洗效果。皂洗效果可通过试验进行测试。具体的测试方法是通过比较染色织物皂洗前后其摩擦牢度的变化来验证。摩擦牢度包括干摩擦牢度和湿摩擦牢度,具体的实验方法可参照 GB/T 3920—1997《纺织品 染色牢度 耐摩擦色牢度》的要求进行。也可通过印花产品皂洗前后其摩擦牢度的变化来验证皂洗剂基本性能。

4. 皂洗剂应用举例

例1:皂洗剂 M-265

能提高染色牢度的环保型分散皂洗剂。

① 特殊性能

● 具有良好的分散作用,能有效地分散水中的染料、有机物和无机悬浮物。

● 不会对染料中含有的金属离子起作用,不影响染色色光。

● 能快速去除水解的活性染料。

● 能快速去除被还原分解的分散染料和未被还原分解的分散染料。

● 能防止染料再次对织物产生沾污。

● 具有良好的生物降解性。

● 适用于连续式设备和溢流设备等多种加工方式。

② 基本状态

● 化学组成:高分子盐类聚合物。

● 离子性:阴离子。

● 外观:浅黄色透明液体。

● 水溶性:易溶于水。

● pH 值:6~8。

● 稳定性:耐酸、耐强碱、耐高温、耐氧化剂。

● 起泡性:低泡。

● 储存:出厂后常温下可密闭储存 12 个月。

③ 应用资料

● 间歇式设备

为提高织物染色牢度,可以考虑在染色后固色前增加一次水洗。具体的工艺为:95℃下加入 1g/L 的皂洗剂 M-265 运行 10min 后放掉处理液,再常温下水洗 10min 即可。固色后的皂洗可重复固色前的工艺。

● 连续式设备

连续式水洗机是最常用的洗涤设备,通常具有 6 个以上的水洗槽。提高水洗槽内的水洗温度,可明显提高皂洗效果。通常,第一槽的水温为 60℃,第二槽为 80℃,第三槽为 95℃,第四槽为 98℃,第五槽为 90℃,第六槽为 40℃。水洗时,可于第四槽中加入皂洗剂 M-265,加入量通常为 1~3g/L。

例 2:酸性皂洗剂 M-267A

适用于活性染料染色和印花后的无泡皂洗剂。

① 特殊性质

● 能迅速、彻底地中和织物上的碱,适用于活性染料染色后的中和与皂洗。

● 与碱中和的产物不会残留于织物表面,中和效率高于冰醋酸。

● 具有优良的防止再次沾污的能力。

● 对活性染料的洗涤能力非常明显。

● 能明显提高色泽鲜艳度。

● 生物降解性优良。

② 基本状态

● 化学组成:高分子聚合物。

● 离子性:阴离子。

● 外观:浅黄色透明液体。

● 水溶性:易溶于水。

● pH 值:3~4。

● 稳定性:耐酸、耐强碱、耐高温、耐氧化剂。

● 起泡性:无泡。

● 储存:出厂后常温下可密闭储存 12 个月。

③ 应用资料

于织物染色后的水洗工序直接加入该皂洗剂,可使染色后的中和与皂洗工序合并,提高生产效率。具体的加入量与活性染料在固色时加入的碱量有关。通常的参考工艺如下:

M-267A:	1~3g/L
温度:	95~98℃
时间:	15~30min

例 3:酸性还原清洗剂 M-270

适用于含涤织物后处理的新型还原清洗剂。

① 产品特点

● 在酸性浴中还原能力强,可充分洗除未固着的分散染料。

● 染色降温排压后,可将该助剂打入染缸内,无需更换新鲜处理液。

● 与常规后处理相比,具有省时、省水、节能等特点,符合节能减排要求。

● 空气中状态稳定,不会发生遇水自燃的现象。

● 使用中不释放甲醛,易于生物降解。

② 用量及工艺

分散染料染色后染液的 pH 值通常为 4～6,可供参考的工艺如下:

中浅色:	0.5～1g/L
深色:	1～2g/L
温度:	80℃
时间:	15～30min

染色织物的颜色深浅通常参考染色时染料相对于织物百分比重量总和的高低来判定。一般情况下,染料总量相对于织物重量不超过 1% 时,织物的颜色为浅色;高于 1% 却低于 2% 的,为中色;超过 2% 以上的,为深色。日常生活中人们常见的特黑、藏青、咖啡、紫红、墨绿等颜色,在染色加工时,其加入染料的总量都远远超过了相对织物重量的 2%。因此,按染色时加入染料总量的多少来判定颜色深浅。这种划分方法与传统的划分方法意义相同。

③ 工艺时间比较

分散染料传统的浅色织物染色工艺曲线见图 3-1。用酸性还原清洗剂 M-270 进行后处理的工艺曲线见图 3-2。

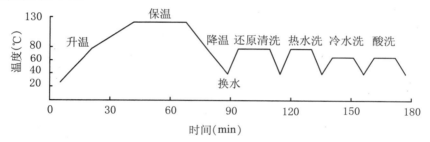

图 3-1　染色工艺曲线图(分散染料)

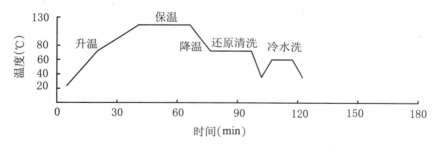

图 3-2　用 M-270 进行后处理的工艺曲线图

通过比较图 3-1 和图 3-2,不难发现,使用酸性还原清洗剂 M-270 进行后处理,不仅省水、省时,还能节约染化药剂。以浅色为例,每染色一缸织物可节省工艺时间 40min。传统工艺每缸布染色需要 3h,每天每只染缸可染 8 缸布。使用酸性还原清洗剂 M-270 进行后处理,每天可节约时间 320min。以每缸织物 800m 计算,320min 可增产染色布 1 200m 以上,折合产值 1 800 元。以 10 只染缸的小型染厂计算,每个月可增加产值 50 万元以上。

④ 成本对比

分散染料染浅色时,酸性还原清洗剂 M-270 与传统还原清洗的成本对比见表 3-2。

表 3-2　不同的还原清洗方法成本对比

相关指标	传统工艺		酸性还原清洗剂 M-270
单　价	保险粉：8.5 元/kg		M-270：22 元/kg
	纯碱：1.2 元/kg		
以每缸 300kg 织物计，浴比 1：10	保险粉：1%（o.m.f.）		0.75g/L
	纯碱：0.75%（o.m.f.）		
每缸药剂成本	300×（8.5×1%＋1.2×0.75%）＝28.2 元		49.5 元
水　洗	染色后换水一次，外加一次热水洗，用水量增加 6 吨，以每吨自来水外加排污处理费 6 元计，增加成本 36 元。		—
其他纤维损伤程度	人造长丝等纤维易损伤		—
色光变化	织物颜色易变化		—
能　源	需要热水洗升温一次，3 吨水升高 50℃，增加成本 10 元；多运行 40min，增加电力成本 5.5 元。合计增加能源成本 15.5 元。		—
综合成本	79.7 元		49.5 元
结　论	浅色染色时，采用酸性还原清洗剂 M-270 每缸可节约成本 30.2 元。		

任务 5：剥色剂应用

基本要求：

　　1. 学会应用剥色剂；

　　2. 知道剥色剂分类方法；

　　3. 会通过实验鉴别剥色剂性能。

1. 概述

　　纺织品染整加工过程中会出现各种疵点，色花、色点、色迹就是较常见的染色疵点。产生染色疵点的原因是多方面的，工艺流程、工艺配方、工艺设备和工艺条件等方面的原因是最主要的因素。当纺织品染色出现较严重的疵点后，需要进行必要的回修，以提高产品品质，满足市场需求。不同类型的纺织品染色疵点的回修需要不同的回修工艺。纺织品染色疵点回修时需要回修用助剂，最常用的染色疵点回修助剂就是剥色剂。

　　无论是色花、色点和色迹，都是严重的不均匀染色现象。出现这些现象以后，纤维表面某些局部的染料相对较多。在剥色剂的作用下，这些染料被剥离后，可以通过重新染色来达到匀染目的，经严格检验后仍可满足客户要求。在剥色过程中，不仅会剥除染料点、染料迹和色花，织物本身的颜色也会遭到严重破坏。染色疵点经剥色回修后，经常会出现较大偏差，往往需要加料染色。在常见的染色疵点中，染料点是最难回修的一种染色疵点。较明显的染料迹也比较难以回修，轻微的色花疵点则可通过匀染剂回修得到明显效果。

　　通过剥色回修染色疵点，织物强力损伤通常较大，单位面积上的失重也比较明显。实际上,织物失重过多时,强力损伤非常明显。对于纤维素纤维制品而言,织物强力损伤尤其明显。因此,对于染料点和比较明显的染料迹疵点来说,回修时必须考虑织物的强力问题,以免出现客户投诉。通常,纤维素纤维制品的浅色染色出现染料点以后,可通过改染深色的方法解决染料点问题。这样既可以满足客户需求,也可以最大限度地降低质量,控制成本。在安排生产计划时,先染浅色后染深色是染厂生产计划部门必须坚持的基本原则。

对于染色疵点的回修,通常采用先剥色后加料染色的回修方法。剥色时工艺条件相对缓和,操作时严格执行工艺,是保证剥色品质的基础。如果剥色时工艺制定不合理,操作随意性较大,会产生剥色色花现象。剥色色花出现以后,重新加料染色自然就会出现严重色花。轻微的色花回修时,按照原染色配方加入两成到三成的染料与适量匀染剂同浴染色,可以获得较好的回修效果。匀染剂回修轻微色花时的加入量,通常高于染色时的正常加入量,为染色时加入量的一倍左右。此类回修的工艺条件与染色类似。

操作不当是剥色回修产生色花的主要原因。剥色时剥色剂的化料方式和打料方式不当,是产生剥色色花的主要原因。缸口加料、化料不彻底、打料不彻底、剥色升温过快、剥色温度过高、剥色剂加入量过大、剥色时堵缸、染缸喷嘴口径过小、喷嘴压力过大、回修时选用的设备容量较小、回修时水位过低或过高等等,都是产生剥色色花的直接原因。

在纺织品染整加工过程中,除了染色工序产生疵点可通过剥色回修的方式提高产品品质以外,固色处理时产生的固色斑、柔软整理时产生的柔软迹等其他染整疵点,也可以通过剥色的方法去除。在回修染色以外的其他疵点时所使用的助剂,除了常用的染化药剂以外,还有一些专用回修剂。如直接染料固色斑专用回修剂和有机硅柔软迹专用回修剂等。有些染整助剂生产厂家在其产品名录中也会列有一些回修专用助剂。此类专用回修剂在使用时与常规的染色疵点专用回修剥色剂有些区别,通常被称作专用回修剂,而不称作剥色剂。

2. 剥色剂分类

如果按照使用时工艺温度的高低对剥色剂进行分类,则可以把剥色剂分为高温型和低温型。如分散染料色花回修剥色剂就属于高温型剥色剂,而直接染料染色疵点回修用的剥色剂通常在常温下使用,属于低温型剥色剂。一般情况下,除了分散染料的染色疵点需要高温回修以外,由于其他染料的染色温度都在 100℃ 以下。因此,大部分剥色剂都属于低温型剥色剂。所以,按照温度类型对剥色剂进行分类,在实际应用中作用不大。

在实际应用中,通常按照织物染色时所用的染料来对剥色剂进行分类。如直接染料剥色剂、酸性染料剥色剂、活性染料剥色剂、硫化染料剥色剂、分散染料剥色剂等等。常温下染色的染料,出现染色疵点后的回修过程中使用的剥色剂大多为能破坏染料基本结构的氧化剂或还原剂,此类氧化或还原剂属于染化药剂,并不是复配的表面活性剂。比较特殊的织物,如涤/毛、涤/腈、涤/锦、涤/氨弹力织物等交织类产品,在用分散染料染涤纶时,为了防止分散染料对其他纤维沾色,染色时需加入导染剂。而导染剂也可以用来回修上述织物的染色疵点。

直接染料染色时经常出现的染色疵点有色花、色迹、色点、固色斑等,除了固色斑疵点可以考虑用专用回修剂进行回修以外,其余染色疵点都可以考虑用保险粉剥色后重新染色。必要时可进行两次剥色处理,使剥色效果更明显。剥色时,保险粉用量为 5～6g/L,平平加 O 为 2～4g/L,36 波美度的液碱为 12～16g/L,工艺温度为 70℃,工艺时间为 30min。以棉为代表的纤维素纤维制品,在用直接染料、活性染料染色后出现的染色疵点,都可以采取上述工艺剥色回修。

还原染料和硫化染料染色后,染料是以不溶于水的形式与纤维产生亲和力而完成染色过程的。还原染料和硫化染料染色时通常以深色为主,出现色点、色花和色迹时也可以考虑用保险粉回修。具体的回修参考工艺如下:

工艺温度:	100℃
工艺时间:	60min
保险粉:	5~6g/L
36°Bé 液碱:	12~16g/L
食盐:	2~3g/L

为保证回修效果,可以考虑在 70℃时先保温 30min,然后再执行上述工艺。

纺织厂为区别不同批号的原料丝,通常在经轴上留下不同颜色,以区别不同批号的坯布。这些不同颜色的记号通常为直接染料和弱酸性染料。为记录坯布批号、匹长,也有的纺织厂用粉笔在坯布端头写出作业班次、机台号码和坯布长度。实际上粉笔中加入的颜色也多属于直接染料。如果这些带有不同颜色的记号在染色前无法去除,那么势必会严重影响织物的染色品质。通常可用双氧水的氧化性来破坏上述染料的结构,从而达到消除记号颜色的目的。1g/L 的双氧水在适量的双氧水稳定剂作用下,于 80℃处理 30min,都可以消除坯布上各种带有颜色的记号。

保险粉也可用来对分散染料染色的涤纶织物进行剥色回修。具体的回修工艺参考如下:

工艺温度:	130℃
工艺时间:	60min
保险粉:	5~6g/L
36°Bé 液碱:	20~30g/L

为保证剥色回修效果,也可以考虑在 70℃时先保温 30min,然后再执行上述工艺。

液碱在高温下对涤纶具有减量作用,所以,液碱的加入量不宜过高。涤纶/阳离子染料可染涤纶交织物出现色迹后,不宜采用高温剥色回修工艺,以免高温下改性涤纶中的阳离子染料可染部分被液碱从纤维表面剥离,从而引起重新染色后阳离子染料无法着色。

3. 剥色剂性能检测

除保险粉以外,专用剥色剂基本性能的检测主要通过检验助剂的移染性和染色织物表面深度的变化来验证。将色布和坯布缝在一起,通过加入剥色剂来验证色布的褪色效果和坯布的沾色效果,可以检验剥色剂的剥色效果。染色织物褪色程度可通过国标 GB 250 变色用灰色样卡判定,坯布的沾色程度可通过国标 GB 251 沾色用色卡判定。也可以通过电脑测配色系统测试染色织物表面深度的变化,来验证剥色剂的剥色效果。

4. 剥色剂应用举例

例 1:匀染修色剂 M-212

适用于聚酯及其混纺织物的高温高压染色和修色。

① 特殊性质

- 具有良好的分散作用。
- 具有良好的移染作用和透染作用。
- 无消色现象,不影响分散染料的最终得色率。
- 低泡。

② 基本状态
- 化学组成:有机酯的复配物。
- 离子性:阴/非离子。
- 外观:浅黄色透明液体。
- 水溶性:易溶于水。
- pH 值:2～4。
- 稳定性:耐酸、耐高温。
- 储存:出厂后常温下可密闭储存 12 个月。

③ 应用资料
- 高温匀染

M-212:	0.3～0.5g/L
pH 值:	5～6
浴比:	1∶12
温度:	130～135℃
时间:	30～60min

- 色花回修

回修色花、色迹等染色疵点时,参考工艺如下:

M-212:	1～3g/L
pH 值:	5～6
浴比:	1∶12
温度:	130～135℃
时间:	30～60min

例 2:导染剂 M-218

适用于多种纤维制品的染色匀染和染色疵点回修。

① 特殊性质
- 适用于涤/毛、涤/蚕丝、涤/改性涤纶、涤/锦、涤/氨混纺及交织物的染色。
- 也适用于分散染料染三醋酯纤维。
- 可用于上述织物染色疵点的回修。
- 可增加染色鲜艳度。
- 对羊毛纤维的防染效果明显。
- 可减少涤/改性涤纶染色时的沾色,提高其染色牢度和颜色稳定性。
- 可减少分散染料对锦纶的沾色,提高其染色牢度和颜色稳定性。
- 对染料日晒牢度的影响小。
- 低气味、无泡沫。

- 不含有五氯苯酚、2,3,5,6-四氯苯酚、邻苯基苯酚和 APEO 等物质。

② 基本状态

- 化学组成:芳香族化合物。
- 离子性:阴/非离子。
- 外观:无色或淡黄色透明液体。
- 水溶性:易分散于水。
- pH 值:6~8。
- 起泡性:无泡。
- 储存:出厂后常温下可密闭储存 6 个月以上。

③ 应用资料

- 涤/毛混纺织物的染色温度超过 100℃ 时,需加入羊毛染色保护剂,且染色温度不得超过 120℃。导染剂的加入量与织物颜色深浅和染色温度有关,颜色越深,加入量越高;染色温度越高,加入量越低。
- 涤纶/阳离子染料可染涤纶、涤/氨、涤/锦的交织物染色时,降低浴比后需增加导染剂加入量。染色温度超过 110℃ 后,导染剂加入量比 100℃ 以下染色时的加入量可减少 50%。织物颜色越深,导染剂加入量越多。染色时可加入适于分散染料染色的普通型匀染剂,加入量为 1~2g/L。若浴比为 1∶10,染色温度为 110℃,染浅色时可加入导染剂 1.5g/L,染深色时可加入 2.5g/L。
- 涤纶/阳离子染料可染涤纶、涤/氨、涤/锦的交织物染色时的 pH 值用醋酸调节,通常为 4~6。加入染料、助剂后,于室温下运行 10min,然后开始控制升温速度。升温时间通常控制在 40~60min 之间。达到最高染色温度后的保温时间为 30~60min。

5. 剥色剂的性能检测实验

根据本任务的有关提示和附录中实验 4 的有关内容,设计试验方案,验证剥色剂的基本性能。可以通过实验报告、实验数据、实验分析、实验结论和思考题回答等方面,来判定学生的实验设计能力和实验设计水平。

任务 6:阅读资料

阅读提示:

在所有的染料中,分散染料和活性染料无疑是使用量最大的两种染料。在染色过程中,常规的染化药剂对织物颜色的影响是非常直接的。资料 1 介绍了碱剂对分散染料染色的影响,资料 2 介绍了活性染料固色代用碱的使用方法。

1. 消除分散红 3B 产生色变的主要方法

自 1972 年以来,涤纶一直是化纤工业中产量最多的品种。到 2004 年底,我国印染行业全年加工 301.63 亿米。在 300 亿米的总量中,合纤长丝织物占 69% 以上;在出口的 93 亿米印染布中,合纤长丝织物也占了 56.4%。不难看出,无论是加工总量,还是出口交货比例,合成纤维的加工比例都超过了一半以上。由此可见,进一步深入研究以涤纶织物为主的合成纤维产品的染整工艺,不断提高产品质量,仍具有重要意义。

(1)分散红 3B 色变现象的描述

作为低温三原色的分散红 3B,是涤纶染色十分常用的染料。在鲜艳的浅中色涤纶织物染色加工中,分散红 3B 是加工带有蓝光的红色织物的首选染料。然而在实际生产中,染色工艺制定不当时,就会产生定形以后的织物色变现象:大块的十分明显的蓝色色斑像云雾一样无规律地分布在织物上,且无法回修,只能改色,给工厂带来很大损失,并严重影响客户的交货期。

生产实践中,染中浅的鲜艳颜色时,随着 3B 红染料在染色配方中的比例逐渐增加,该染料经高温定形以后产生色变的机会也逐渐增加。单独使用该染料对涤纶染色,若 3B 红的相对织物百分比重量很低时,比如 0.02%,一般不产生定形后的色变现象。通常,3B 红染料染色的标准深度为 2%(o.w.f.),在染色配方中的加入量超过其标准深度后,该染料的染深性就不再明显。所以,实际生产中很少会看见 3B 红染料在染色配方中的浓度超过 3%(o.m.f.)。实际生产中,织物若在烘干机前浸轧柔软整理剂,然后在定形机上完成拉幅,定形后出现蓝斑的几率就会减少。即使出现也比较淡,而且,织物烘干的程度越干,蓝斑出现的机会就越少。

(2)工艺流程与主要工序工艺参数

① 工艺流程

高温高压法是最常见的涤纶织物染色方法。根据坯布特点和客户要求,常见的涤纶染色工艺流程有如下两种:

A. 低捻度全涤织物

备布→前处理→水洗→酸中和→染色→排掉染液→水洗→后处理→水洗→脱水→烘干→定形→检验

B. 高捻度全涤织物

备布→平幅精练→预缩→预定→碱减量→水洗→酸中和→水洗→染色→排掉染液→水洗→后处理→水洗→脱水→烘干→定形→检验

上述两条工艺流程中,染色以后的工序完全相同。染色之前,根据坯布捻度不同,选择不同的染整工艺,以满足客户不同的要求。强捻织物要求通过碱减量来更好地体现织物的设计风格,工艺流程就比常规涤纶染整工艺多了从精练到碱减量的四道工序。

② 前处理

如流程 A 中常见的染整工艺,染色之前最重要的工序就是前处理。分散红 3B 染料是以染鲜艳的浅中色为主的染料,染此类颜色的坯布不做前处理,势必严重影响成品的整洁度和染色质量。前处理的目的是把织物上影响染色的杂质尽量地去除干净。涤纶坯布上的杂质主要来源于三个方面:

第一是聚酯纤维加工方面:聚酯纤维在原料加工中为了提高加工速度而加入各种油剂。无论是 POY 长丝和 FDY 长丝的抽丝,还是 DTY 丝的加弹过程中,都会加入油剂。改性涤纶原料的加工过程也是类似的。通过前处理工序去除这些油剂,可保证涤纶织物的染色质量。

　　第二是织造方面：为了提高织造速度，纺织厂会在织造过程中通过提高经纱的强度来增加纬纱的打纬速度，而提高经纱强度的主要方式是通过对经纱上浆来完成的。其次，为了减少毛丝，降低断经断纬率，有时纺织厂在织造时还会加入一些油剂，以提高布面质量。另外，捻丝或其他织造前道工序中也会造成各种沾污。为了保证染色质量，必须通过前处理工序去除上述杂质。

　　第三是坯布储运方面：在坯布储存和运输过程中总会产生一些程度不同的沾污。这些污迹主要是油迹和泥迹。

　　无论是涤纶坯布上的油剂、污迹，还是浆料，都会通过前处理工序被去除。坯布上的杂质决定了涤纶织物前处理工序助剂的主要成分只能是碱和精练剂。

　　③ 碱减量

　　可通过增加经纬密度来提高织物的面密度，以此提高涤纶织物的悬垂性。也可通过增加经纬纱捻度来增加织物的刚性。然而，为了体现织物的飘逸性并产生"糯"性手感，又不得不通过碱减量方式使纱线"剥皮"，以此降低纱线强度和刚性，增加纱线之间相互滑动的空间。经碱减量加工存留下来的纱线强度和刚性可以体现涤纶织物"柔中带刚"的特点。增加了滑动空间的纱线由于其强度和刚性的下降，使涤纶织物成品整体上呈现出一定的悬垂性、飘逸性和回弹性。追求这样的手感，就是涤纶织物碱减量的目的。

　　④ 后处理

　　在碱性条件下利用保险粉的强还原性去除涤纶织物表面的浮色，提高织物的水洗牢度和摩擦牢度，提高颜色的鲜艳度，就是后处理的主要目的。前处理、碱减量和后处理工序的主要工艺参数见表3-3。

表 3-3　前处理、碱减量和后处理工序的主要工艺参数

工　序	温度(℃)	时间(min)	主要助剂和加入量(o.m.f.)
前处理	75	30	36°Bé 液碱 2%
碱减量	125	30	36°Bé 液碱 12%
后处理	75	30	纯碱 0.75%，保险粉 0.5%

　　由于碱减量中碱的浓度、工艺温度和工艺时间都高于前处理（相关数据见表3-3），所以经碱减量加工的涤纶织物不再需要前处理，只需要充分水洗与酸中和就可以进入染色工序。

　　⑤ 烘干与定形

　　实际生产中，烘干与定形工序的主要工艺参数见表3-4。

表 3-4　烘干与定形工序的主要工艺参数

工　序	温度(℃)	速度(m/min)
烘　干	115	18
定　型	前两节烘房185，中间烘房210，最后一节185	35

　　（3）不同工艺条件对色变的影响

　　通过生产实践确认，染液的pH值在4到7之间时，3B红2.4%(o.m.f.)在130℃下保温30min后，织物颜色没有变化。通过实验室打样后确认，当染液pH值在8到10之间时，3B红2.4%(o.m.f.)在130℃下保温30min后，织物颜色开始发生变化。不同pH值下织物的色变情况见表3-5。

表 3-5　不同的染液 pH 值对 3B 红染后颜色的影响

pH 值	4	5	6	7	8	9	10
颜色变化	同标准品	标准品	同标准品	同标准品	同标准品	微偏蓝光	偏浅偏蓝

　　染液明显偏碱性后,3B 红色光开始偏蓝。所以碱减量和前处理后的水洗与酸中和,以及染色前加入一定量的醋酸都是非常必要的。小样试验和大生产结果表明,染液的 pH 值调节为 4～8,是保证 3B 红染料正常发色的前提。无论是前处理阶段、碱减量阶段还是后处理阶段,出水后用 pH 广泛试纸测试染缸内液体的 pH 值和织物表面的 pH 值就可发现,当染缸内溶液的 pH 值接近中性时,织物表面的 pH 值还是碱性。这也是布面带碱不易被察觉的原因。大生产中,不同工序结束以后处理液的 pH 值与织物表面的 pH 值的对比见表 3-6。表中,后处理之后直接酸洗时加入的冰醋酸量为 800mL,热水洗温度为 50℃。

表 3-6　不同工序后处理液的 pH 值与织物表面的 pH 值的比较

工　序	碱减量后水洗 2 次	前处理后冷水洗 1 次	染色以后	后处理后冷水洗 1 次	后处理后热水洗 1 次	后处理后酸洗 1 次	定形后水洗 1 次
处理液的 pH 值	12	10	6	9	8	7	7
织物表面的 pH 值	13	11	6	10	9	8	7

　　从表 3-7 可以看出,实际生产中,在后处理之后,无论是多次冷水洗还是热水洗,都不足以彻底消除织物表面残留的碱。唯有两次酸洗以后织物表面才不再残留碱。表中,后处理后直接酸洗时,每次加入的冰醋酸量:O 型缸为 800mL,J 型缸为 1 000mL;热水洗温度为 50℃。

表 3-7　多次水洗与酸洗后处理液的 pH 值与织物表面的 pH 值的比较

工　序	后处理后直接冷水洗 2 次	后处理后直接热水洗 2 次	后处理后直接冷水洗 3 次	后处理后直接热水洗 3 次	后处理后直接酸洗 2 次
处理液的 pH 值	9	8	8	7	6
织物表面的 pH 值	10	9	9	8	7

　　通过匹染缸中样的对比试验表明:偏碱性的染液使织物的色光偏蓝,只要定形前织物表面不带碱,虽经高温处理,也不会产生蓝斑;偏酸性的染液可使染料发色正常。如定形前织物表面带碱且浸轧水分(整理液),经高温定形后,织物表面就会有不规则蓝斑。那么,130℃的碱性湿热状态下分散红 3B 色光偏蓝,与染后布面带碱轧液并经 200℃以上干热定形后出现不规则蓝斑,其原因是相同的。表 3-8 中给出了匹染对比试验的有关条件。

表 3-8　匹染对比试验条件

染液 pH 值	染后织物颜色	出缸前处理液 pH 值	出缸前织物表面 pH 值	定形后织物颜色变化
9	比标准品偏蓝	6	7	无变化
5	同标准品	7	8	比标准品微偏蓝
7	同标准品	8	9	表面出现蓝斑

　　综上所述,保持染液 pH 值的弱酸性,是保证 3B 红染料正常发色的前提;定形前保持织物表面呈弱酸性,是保证织物颜色同标准品保持不变的前提;定形前保持织物表面呈中性,

是保证分散红 3B 不产生蓝斑的前提。

有的染厂在没有弄清楚分散红 3B 产生色变的主要原因之前，为了避免在定形机上产生色变，就采用了染色结束后在染缸内对织物进行柔软处理的方法。这虽然绕开了在定形机前面进行柔软整理而产生的色变，但是染缸内"浸轧"柔软剂，成本偏高，手感滑爽程度变化较大，还可能产生硅油类柔软整理剂破乳后对织物和染缸的沾污。

(4)染料结构分析

分散红 3B 属于蒽醌结构。该结构染料的颜色与蒽醌分子上取代基的性质和所处的位置密切相关。取代基的给电子性越强，深色效应越大。α-位取代基的深色效应比 β-位大得多。这是因为 α-位的给电子基团与蒽醌的羰基有形成氢键的可能，增加了分子极化强度，而 β-位取代时就没有这种可能。

给电子基团上引入不同取代基，对颜色的深色作用按照下列顺序依次增加：

$$-H < -OH < -NHCOCH_3 < -NH_2 < -NHCH_3 < -NH(CH_3)_2 < -NH-\text{C}_6\text{H}_5$$

若 α-氨基上有芳基取代基，则产生深色效应。下面结构式中：(1)是分散红 3B 的分子结构式，其色光为带有蓝光的红色；(2)是分散蓝染料，其色光为带有红光的蓝色。

(1)   (2)

染料在不同介质的作用下可以发生离子化。就分散红 3B 发生色变而言，有可能发生了高温湿状态下织物上残留的—OH 使 β-位的—O—与芳基连接处发生断裂的现象，游离出的芳基取代了 α-位—NH₂ 中的—H，染料分子结构由(1)转变成(2)以后，染料的发色基团发生了变化，明显的深色效应导致了染料呈现的光由原来的带蓝光的红色变为带红光的蓝色。

参照逆合成分析法(Retrosynthesis)的断裂法(Disconnection)原理，逆推一个反应，想象结构式(1)中的—O—在 β-位发生断裂，使(1)"裂分"成两种可能的起始原料(A)和(B)：

(A)   (B)

其中(B)继续"裂分"成两种可能的起始原料(C)和(D)：

(C)   (D)

上述(A)与(D)是合成蓝色分散染料(2)的起始原料。因此有理由认为：染色配方中若以分散红 3B 为主，染得鲜艳的中浅色涤纶织物后，若布面残留碱，遇到合适的介质——水，再经高温定形，3B 红染料有可能在涤纶成品表面发生上述反应，使织物表面出现大面积的无规则的蓝斑。由于反应是不可逆的,所以出现色变以后无法回修。综上所述,织物完成后处理之后的水洗,出缸之前再进行一次彻底的酸洗,是解决分散红 3B 色变问题的有效方法。O 型缸内加入 1 000mL 冰醋酸,J 型缸内加入 1 500mL 冰醋酸,于 75℃下运转 20min,就可以彻底地消除织物表面残留的碱,从而杜绝色变现象的发生。

2. 活性染料固色代用碱 M-231P 的应用研究

活性染料广泛应用于纤维素纤维的染色,染色固色时大多采用纯碱或磷酸三钠。用量较大、分批加入是常规碱剂固色时的主要工艺特点,否则染色时易出现色花。同时,活性染料染棉时若采用后加碱固色工艺,则工艺流程长,pH 值升高过快,不易达到匀染效果。杭州美高华颐化工有限公司研发的代用碱 M-231P,可替代常规碱剂,有效缩短工艺流程,改善染色牢度,提高染色品质。使用代用碱 M-231P 具有用量小、匀染性好的特点,用于中深色染色加工,可明显降低成本。代用碱 M-231P 的主要成分为具有缓冲效果的复配物,外观为白色粉末,可溶于冷水,1‰水溶液的 pH 值在 12~13 之间,而且对高温不敏感。

(1)基本性能

① 对染色深度的影响

固色碱是活性染料染色的主要助剂,活性黑 W-NN HC 与活性黑 LS-NH.C 在不同染色温度下的表面深度值见表 3-9,其中固色用碱为碳酸钠,加入量为 30g/L,食盐 30g/L,浴比 1:50,染色保温时间为 20min,染色后只在 25℃下水洗 10min,不做皂洗处理。染色用织物规格为:19.5 tex×19.5 tex(30ˢ×30ˢ) 的全棉平纹细布。染色设备为高温常压甘油染样机,染色深度为 7%(o.m.f.)。自动测色配色仪型号为 Datacolor SF600X 型,表面深度值为 580 nm 处的平均值。

表 3-9　不同染色温度对活性染料染色深度的影响

染色温度(℃)	W-NN HC 的平均 K/S 值	LS-NH.C 的平均 K/S 值
30	19.412	16.334
40	20.559	16.517
50	20.956	17.792
60	21.059	18.453
70	21.251	20.325
80	21.011	19.667

通过表 3-9 中的数据可知,在保持染色深度最大化的前提下,适宜于两种活性黑染料的染色温度为 70℃。那么,代用碱 M-231P 在 70℃下对表面深度的影响如何呢?以活性黑 W-NN HC 为例,比较代用碱不同的加入量对织物表面深度的影响,相关数据见表 3-10。其中,织物规格、染色时间、染色浴比、染色设备、染后水洗条件、表面深度和食盐加入量均与表 3-9 相同。

表 3-10　代用碱不同加入量对织物表面深度的影响

代用碱加入量(g/L)	表面深度 K/S	纯碱加入量(g/L)	表面深度 K/S
1.2	18.743	12	18.027
1.4	19.422	14	18.625

代用碱加入量(g/L)	表面深度 K/S	纯碱加入量(g/L)	表面深度 K/S
1.6	20.083	16	20.391
1.8	21.692	18	21.086
2.0	21.761	20	21.251
2.2	21.856	22	21.074
2.4	21.987	24	20.561

表 3-10 表明,在活性染料染色时,代用碱的用量明显低于纯碱用量。深色染色时,代用碱 M-231P 的加入量超过 1.8g/L 后,对织物表面深度的影响较小。

② 对颜色鲜艳度的影响

染色织物的颜色鲜艳度通常是指该颜色的可见光谱中的彩色与消色的比例。赤、橙、黄、绿、青、蓝、紫是可见光谱中的彩色,黑、灰和白则是可见光中的消色。某颜色中的彩色成分越多,其鲜艳程度越高。而颜色中的消色成分越多,其颜色的鲜艳程度就越低。在颜色学中,通常用颜色的饱和度或纯度来表示其鲜艳程度。在国际照明学会制定的色度系统中,每个颜色的饱和度都是可以计算的。自电脑测配色系统问世以来,通过测定染色纺织品的分光光度曲线,就可以直观、简便地表示织物颜色的多种性能。例如,通过测量曲线中波峰的宽窄和高低,可判定某颜色鲜艳度。吸收波峰越高、越窄,织物的鲜艳度就越高。可通过电脑测配色系统测定色样的饱和度差 $\triangle C_s$ 来表示样品与标样之间鲜艳度的差别,即:

$$\triangle C_s = C_{sp} - C_{std}$$

其中:sp 表示样品,std 表示标样。

$\triangle C_s$ 为正值,则表示样品比标样鲜艳;$\triangle C_s$ 为负值,则表示标样比样品鲜艳。彩色染料染浅颜色时,不同的代用碱加入量对颜色鲜艳度的影响如何?表 3-11 中给出的数据为活性艳红 M-8B 在染色深度为 0.5% 时,不同碱剂加入量对颜色鲜艳度的影响。织物规格、染色温度、染色时间、染色浴比、染色设备、染后水洗条件和食盐加入量都同表 3-9。

表 3-11　不同碱剂加入量对活性艳红 M-8B 颜色鲜艳度的影响

染色深度为 0.5%（o.m.f.）		染色深度为 1.5%（o.m.f.）		染色深度为 3%（o.m.f.）	
代用碱加入量 (g/L)	饱和度差	代用碱加入量 (g/L)	饱和度差	代用碱加入量 (g/L)	饱和度差
0.6	13.6	0.6	13.1	0.6	12.6
0.7	12.9	0.7	13.2	0.7	12.7
0.8	11.7	0.8	13.3	0.8	12.8
0.9	10.8	0.9	13.4	0.9	12.9
1.0	9.9	1.0	13.5	1.0	13.1
1.1	9.1	1.1	13.6	1.1	13.2
1.2	8.2	1.2	13.7	1.2	13.5
1.3	7.8	1.3	13.8	1.3	13.8
1.4	7.6	1.4	14.1	1.4	14.4
1.5	7.4	1.5	14.3	1.5	15.1

续表

染色深度为 0.5% (o.m.f.)		染色深度为 1.5% (o.m.f.)		染色深度为 3% (o.m.f.)	
代用碱加入量 (g/L)	饱和度差	代用碱加入量 (g/L)	饱和度差	代用碱加入量 (g/L)	饱和度差
1.6	7.3	1.6	14.7	1.6	16.4
1.7	7.2	1.7	15.3	1.7	17.8
1.8	7.2	1.8	15.9	1.8	19.5

表 3-11 中的数据表明,彩色织物中,染浅色时随着代用碱用量的增加,织物的鲜艳度提高较明显,代用碱用量接近 2g/L 后,鲜艳度增加趋缓;染中色时,织物的鲜艳度有下降趋势,代用碱用量接近 2g/L 后,鲜艳度下降较明显;染深色时,织物鲜艳度下降较明显,代用碱用量接近 2g/L 后,织物的鲜艳度下降明显。

(2)应用性能讨论

① 染色工艺特点

代用碱溶于水后,1%水溶液的 pH 值为 12~13,介于纯碱和烧碱之间。需要指出的是,随着固色用碱用量的增加,代用碱水溶液的 pH 值变化较小,其用量远远低于最常用的固色剂——纯碱。由于代用碱在使用中缓慢释放 OH⁻,因此可采用染色—固色一步法工艺,节省了染色时间,避免了碱剂分批加入引起的色花现象。活性染料染色时经常采用纯碱固色工艺,分批加碱操作因人而异,染色重现性降低。采用代用碱固色工艺可以最大限度地提高颜色的准确性。

类似于翠蓝等某些难染颜色加工时,经常出现各种染色疵点或者色花现象。为消除上述现象,可采用先预加入纯碱、后分批加入代用碱的染色固色方法,即可较好地消除染色疵点和色花现象。虽然此法稍嫌繁琐,但却可明显提高颜色重现性,减少染色疵点,提高染色品质。通常,纯碱的预加入量为2g/L,并在加入染料 15min 后第一次加入十分之一的代用碱;染色保温 20min 后,第二次加入十分之二的代用碱。此后,待染色保温时间达到总体保温时间一半以后,再加入剩余的代用碱。

② 染液的 pH 值变化

染液的酸碱度变化不仅影响活性染料的固色处理,还影响成品织物表面的碱剂残留量。表 3-12 列出了纯碱与代用碱溶液 pH 值的变化情况。

表 3-12   不同碱剂溶液的酸碱度变化

纯碱(g/L)	5	8	10	12	15	18	20	22	25	28
pH 值	11.15	11.25	11.28	11.30	11.33	11.36	11.38	11.40	11.40	11.41
代用碱(g/L)	0.5	0.8	1.0	1.2	1.5	1.8	2.0	2.2	2.5	2.8
pH 值	11.00	11.28	11.41	11.50	11.60	11.68	11.74	11.78	11.84	11.90

从上表可知,除 0.5g/L 的代用碱溶液的 pH 值偏低以外,其余浓度下溶液的 pH 值可以较好地满足生产需要。而表 3-12 中给出的相关数据表明,代用碱在染色过程中对染液的 pH 值影响较小。表 3-12 中,染色所用的染料为活性黑 W-NN HC,织物规格、染色浴比、染

后水洗、染色设备、食盐加入量皆与表 3-9 相同。代用碱加入量为 2g/L，纯碱加入量为 20g/L；混用时，代用碱的加入量仍为 2g/L，纯碱加入量为 2g/L。染色深度为 7%(o.m.f.)，染色温度为 70℃。染色保温时间见表 3-13。碱剂的加入方法为全量投入。

表 3-13　不同碱剂对染液 pH 值的影响

染色工艺	70℃保温开始	保温 10min	保温 20min	保温 30min	保温 40min
代用碱	10.17	10.16	10.12	10.08	10.15
纯　碱	10.28	10.25	10.21	10.20	10.21
混用碱	10.29	10.28	10.26	10.20	10.21

表 3-13 中的数据表明，混用碱对染液的 pH 值影响最小。上述不同染液对织物染色后残液的酸碱度和水洗不同次数以后水洗液的酸碱度有何影响？表 3-14 中给出了相关数据。表中的"染色结束"是指染色保温时间达到了 60min；"水洗一次"是指放掉染液后在室温下水洗 10min；"水洗两次"是指放掉第一次水洗液后重新换清水洗涤 10min。每一次水洗时都不加入任何洗涤剂。

表 3-14　染色后水洗对 pH 值的影响

工　艺	染色结束	水洗一次	水洗两次	水洗三次	水洗四次
代用碱	10.01	9.37	8.24	7.82	7.35
纯　碱	10.17	9.54	8.39	7.87	7.47
混用碱	10.19	9.71	8.58	7.95	7.58

数据表明，水洗次数越多，水洗液的 pH 值越接近中性。其中代用碱的水洗液接近中性最迅速，便于实现节水环保的目的。不同碱剂对于染色残液的化学需氧量的影响如何呢？表 3-15 中给出了相关数据。数据表明，代用碱残液的化学需氧量明显低于其他两种加碱方式。

表 3-15　不同碱剂染色残液的化学需氧量比较

工　艺	染后 pH 值	COD 值
代用碱	10.01	450
纯　碱	10.17	478
混用碱	10.19	523

③ 染色牢度变化

以表 3-10 中的染色小样为例，不同碱剂对染色牢度的影响见表 3-16。表中相关数据表明，代用碱固色后，织物的水洗牢度和摩擦牢度比纯碱固色的效果更好。

表 3-16　碱剂对染色牢度的影响

织物颜色	碱　剂	用量(g/L)	耐水洗牢度	干摩擦牢度	湿摩擦牢度
黑　色	代用碱	2	3~4	4	3
黑　色	纯　碱	20	3~4	3~4	2~3

④ 工艺条件变化

对于重量相同的两缸织物，在使用相同工艺染色时，染料用量、助剂用量、自来水用量和染色时间都相同。对于纤维素纤维制品的活性染料染色而言,是采用纯碱固色,还是采用代用碱固色,染色后处理工序的工艺条件区别较大。对于深色织物染色来讲,采用代用碱固色工艺时,工艺时间可以缩短30min,染色后的水洗可以减少一次,而染色效果也有较大改善。

⑤ 染色成本变化

由于减少了一次水洗,所以可节约用水3t以上。每缸织物染色后可以节省时间30min以上,每天可节约时间2h以上,可提高生产效率8.33%,每两天就可多染一缸布。若每缸织物以800m计,织物染色加工费以2元/m计,则每月可增加产值2.4万元。如果每只染缸每天可节约2h,则每月可节约60h。每只染缸以30kW计,每度电以0.8元计,则每个月可节约用电1800度,即节约1440元。

目前纯碱的价格为2 300元/t,代用碱的价格为10 000元/t。在中深色染色时,以20g/L的用量计算纯碱加入量,实际生产中若织物重量为300kg,染色浴比为1:10,则染液体积为3 000L,需加入60kg纯碱,合计138元。以2g/L的用量加入代用碱,则每缸织物染色时加入的代用碱总量为6kg,合计60元。那么加工每缸织物可节约碱剂78元。

代用碱M-231P代替纯碱对活性染料固色,操作比较简单,染液的酸碱度变化较小,固色效果明显。所以,代用碱M-231P代替纯碱是可行的。在中深色织物染色时具有比较明显的效果,不仅可提高染色牢度,节约染色时间,提高颜色重现性,还可以节约用水量,提高后处理效果,综合成本下降也比较明显,是值得推广的新型助剂。

复习指导 >>>

1.染色助剂是染整助剂中非常重要的组成部分,以匀染剂、防泳移剂、固色剂、皂洗剂和剥色剂为主,可分为三种类别。其中匀染剂和防泳移剂的主要作用是提高染色品质,固色剂和皂洗剂的主要作用是提高染色牢度,而剥色剂的主要作用是提高染色次品的质量等级。在使用各种染色助剂时,合理地制定染色工艺,是充分发挥染色助剂基本作用的前提。

2.匀染剂的分类方法较多,按离子类型、应用对象以及对纤维和染料的亲和力大小进行分类,都是有效的分类方法,其中按应用对象分类最常用。知道匀染剂匀染作用的基本原理,对于测试匀染剂的基本性能具有重要意义。通过测量匀染剂的移染性对匀染剂的综合效果给出准确的评价,是判定匀染剂匀染作用的主要依据。染化药剂中的无机盐也是不可忽视的一类匀染剂。知道染料的离子类型对于正确使用各种匀染剂十分重要。

3.防泳移剂是纺织品连续式染色加工过程中使用的匀染剂。合理利用穿透能力最强的烘燥方式和烘燥设备,是减少连续染色时染料泳移现象非常有效的方法。通过防泳移剂降低染料的泳移现象,可以明显提高纺织品的染色品质,减少左右色差和头尾色差。

4.提高染色牢度不仅与染料性能、织物规格、染色工艺密切相关,最重要的还与染色以后的处理有关。尽量地把可能从纤维表面脱离的染料和染色助剂固着在纤维表面,是固色的主要目的。通俗地说,就是让可能溶于水的染料不溶于水,是固色剂的主要作用。

5.提高染色牢度的另外一条重要途径是充分水洗。把残留在织物表面的浮色全部清洗干净,必须在洗涤过程中添加适当的助剂。这种助剂就是皂洗剂。合理制定皂洗工艺是充分发挥皂洗剂去污作用的前提。过分提高皂洗工艺条件,很可能影响织物颜色的准确性。

6.染色过程中一定会出现各种染色疵点,影响纺织品加工品质。减少染色疵点是稳定和提高染色产品品质的基础。通过剥色或回修的方法去除和减轻染色疵点对产品品质的影响,是不断提高染品品质的重要方法。利用移染性极强的匀染剂对染色次品进行回修,用保险粉在碱性条件下的还原能力对染色次品进行剥色,是提高染色品质的主要方法。在清洗染缸、处理各种整理疵点时,也可使用剥色回修助剂。通过实验判定剥色剂的剥色效果,可作为比较剥色剂基本性能的主要手段。

思考题:

1.简述纺织品染色阶段常用的助剂种类和使用特点。

2.匀染剂在结构分类和应用分类方面主要有哪些特点?

3.如何通过实验检测匀染剂的基本性能?

4.匀染剂与色花回修剂有什么联系和区别?

5.防泳移剂应该具备哪些基本特性?如何检测这些基本特性?

6.如何理解固色剂的基本工作原理?

7.如何分析活性染料固色代用碱 M-231P 的应用特点?

8.如何检测固色剂的基本性能?

9.简述酸性还原清洗剂 M-270 的基本特点。

10.举例说明皂洗剂应用的基本要求。

11.举例说明纤维素纤维制品剥色时应该注意哪些问题?

12.举例说明常用染化药剂对织物颜色准确性的影响。

项目 4：印花助剂应用

　　纺织品印花加工，就是借助印花设备把染料或涂料制成色浆后，施加于织物表面而形成各种图案的加工过程。印花过程属于局部染色过程，因此，与纺织品染色加工一样，为保证印花产品品质，提高印花生产效率，降低次品数量，加工时需要使用印花助剂。从印花加工所用的色浆特点来看，使用的印花助剂主要包括两种类型，一类是印花糊料中使用的印花助剂，另一类是涂料印花时使用的增稠剂、粘合剂和交联剂。

任务 1：印花糊料性能测试

基本要求：

　　1.知道印花糊料的主要作用和基本要求；

　　2.知道常用印花糊料的主要分类；

　　3.能检测印花糊料的基本性能。

1. 前言

　　经前处理加工的纺织品润湿性能明显提高，因此，染色加工时染料可以充分吸附于纤维表面，进而逐渐渗透、扩散至纤维内部，并最终固着于纤维内部，使织物获得颜色。在织物染色时，赋予织物颜色的染料溶液通常被称作染液。而在印花加工中，赋予织物上的花型以各种颜色的物质通常被称作色浆。如前所述，印花属于局部染色，因此，纺织品印花加工时必须避免色浆从需要着色的织物局部表面向其他部位渗透和扩散。能够防止染液在织物表面随意渗透和扩散的物质必须具有一定的粘度和水溶性。在纺织品印花加工中，通常使用印花糊料来实现这一工艺目的。印花糊料不仅可以避免色浆中染料的无序渗透和扩散，还可以通过自身对色浆的增稠作用充分溶解不同浓度的染料,最大限度地改变给色量,调解印花花型的颜色深浅。

在纺织品印花加工中,印花糊料就是添加在色浆中并能起增稠作用的高分子化合物。印花糊料在添加到色浆中之前,可以通过加入一定量的水分来制成具有一定粘度的胶体溶液。通常人们把这种胶体溶液称为印花原糊。印花原糊是色浆的重要组成部分。合理制备印花原糊,合理调制印花色浆,对于纺织品印花十分重要。印花糊料品质的优劣不仅决定了印花产品的品质和染料的表面给色量,还可以决定印花花型轮廓的清晰度、清洁度和印花成本。因此,印花糊料的基本作用主要包括以下几个方面:

① 增稠作用

使印花色浆具有一定粘度,用来适当地抵消织物的毛细管效应引起的色浆渗透,保证花型和图案轮廓清晰,避免发生渗色和色浆飞溅现象。

② 稳定作用

使印花色浆中的染料、助剂、溶剂等各组分均匀分散,对所有组分产生分散稳定作用,以保证色浆在使用时于织物表面印得的花型颜色均匀。

③ 载体作用

织物印花时,色浆中的染料必须借助于原糊才可以实现从色浆到织物表面的转移。在这个过程中印花原糊起到了明显的载体作用。

④ 黏着作用

滚筒印花是印花的重要方式,可以印得立体感十分明显的花型。此间印花原糊可黏着色浆于印花滚筒的花型凹槽中,在压辊作用下释放色浆,于织物上产生花型。

为了具备上述作用,印花糊料必须满足以下要求:

① 成糊率高

如果投入的固体糊料较少,而可以产生较多胶体糊料,那么就可以明显地降低印花成本,减少固体糊料的储存空间。

② 制糊简单

制糊过程简单方便,便于操作,制糊时对水温没有特殊要求,糊料易溶于水,便于搅拌成糊,不会发生沉淀或表层结茧等现象。

③ 相容性好

糊料与染料、助剂和其他药剂具有良好的相容性,加水稀释后,糊料的粘度变化不大。

④ 给色量高

印花时色浆容易转移,给色性能好,对色浆中的染料具有较好的粘着力,可以比较容易地印得深色花型。

⑤ 润湿性好

不仅对印花滚筒、印花筛网和印花织物具有明显的润湿作用,还必须具有良好的水和作用,可避免色浆渗化产生印花疵点。

⑥ 粘度适中

具有适中的粘度和必要的流变性能。粘度过大,流变性就会下降,容易引起花型不全等疵点,粘度过小,流变性上升,则容易产生花型渗化等疵点。

⑦ 成膜性好

印花产品经烘干加工,印花糊料必须在织物表面形成薄膜,赋予印花产品适中的弹性,进而可以避免因织物折叠和摩擦引起的色浆脱离、色浆搭色、花型皱裂和导辊沾色等现象的发生。

⑧ 起泡性低

印花色浆在对织物印花时如果容易起泡,势必会影响颜色的均匀性和花型的准确性。因此色浆的起泡性低是保证印花产品品质的重要前提之一。

⑨ 容易洗除

如果印花糊料不易被洗除,那么印花成品的手感必定很难满足客户要求。所以印花糊料在完成其作用以后必须相对容易地经水洗去除。印花糊料经洗涤而脱离产品表面也可称为糊料的脱糊性。

⑩ 吸湿性好

汽蒸是印花加工中的重要工序。汽蒸时如果印花糊料具有适中的吸湿性,则便于色浆中染料的转移和固着。

⑪ 纯洁性好

如果印花糊料本身具有一定的颜色,很可能对棉织物印花产品的颜色准确性产生影响。因此,无色的印花糊料是最理想的糊料。

⑫ 稳定性强

成糊后存放时具有较好的稳定性,不会产生发臭、发霉等变质现象。制成色浆后经搅拌或挤压也不会产生明显的变化。

2. 印花糊料分类

对于织物印花而言,色浆属于局部染色加工的染液,而印花糊料则属于织物局部染色过程中添加的助剂。为了更好地研究印花助剂的应用,非常有必要对其进行分类。通常,作为印花加工中必不可少的助剂,印花糊料可以分成以下三种。虽然,根据织物印花特点的不同可以把印花糊料进行严格的细分,但是在研究印花助剂的应用过程中,本书的分类方法相对简洁,有利于高职层次的学生更好地理解和掌握相关知识点。

(1)天然糊料

天然糊料以植物类糊料为主,以动物类糊料为辅,在所有糊料中使用量较多。其中植物类糊料主要包括淀粉及其衍生物,如小麦淀粉、玉米淀粉、黄糊精和白糊精等。天然龙胶、阿拉伯树胶则是植物树脂类糊料的主要代表,而海藻类糊料也是天然糊料的重要组成部分,如海藻酸钠、鸡脚藻等。甲壳质、牛皮胶是最常见的动物类糊料。在上述糊料中具有代表性的天然糊料就是海藻酸钠糊料,具有流变性适中、抱水性明显、易洗性突出等特点。天然糊料中也有少量的野生植物类和矿物类糊料在使用,如槐豆粉、膨润土等。

(2)化学糊料

化学糊料的用量在逐年上升,主要包括天然变性类糊料、乳化糊和聚丙烯酸酯类糊料。像变性淀粉、海藻酸酯、羧甲基淀粉、羧甲基纤维素、合成龙胶等都是最常用的天然变性类糊料,而A邦浆则是乳化类糊料中使用最多的一种化学糊料。同时,经过改进的聚丙烯酸酯类糊料具有流变性、渗透性和透网性俱佳的特点,使用量迅速上升。

（3）复合糊料

在天然糊料和化学糊料中介绍了多种糊料，在实际生产中可以将上述糊料中的两种或多种拼混使用，以充分发挥各种糊料的特性。这些经过拼混的糊料通常被称作复合糊料。在印花产品加工过程中，可以根据产品的特点选用以某种糊料为主的复合糊料。通常情况下，以海藻酸钠为主以及以聚丙烯酸酯为主的复合糊料使用最多。海藻酸钠－淀粉糊料、海藻酸钠－乳化糊料、聚丙烯酸酯－淀粉和海藻酸钠糊料等，都是用料较大的复合糊料。

3. 印花糊料的基本性质

一般情况下，可以用多种特性来描述印花糊料的基本性质，如前面提到的相容性、成膜性、给色量、吸湿性、稳定性和脱糊性等，都可用来描述常用印花糊料的基本性质。但是，能准确深刻地描述印花糊料基本特性的指标通常为印花色浆的粘度指数。印花色浆的粘度指数可缩写成 PVI 或者 PVID，最常使用的为 PVI。

印花色浆的粘度指数是衡量色浆流变性的指标，具体定义为同一流体在剪切速度相差 10 倍时的粘度之比。通常使用 NDJ-1 型回转粘度计测量色浆的粘度，转速为 6 r/min 时的色浆粘度记为 η_6，而转速为 60 r/min 时的色浆粘度记为 η_{60}，这两种粘度的测量转速刚好相差 10 倍，因此根据印花色浆粘度指数的定义有：

$$PVI = \eta_{60} / \eta_6 \tag{4-1}$$

同一种印花色浆在高转速下的粘度要比低转速下的粘度小，所以 PVI 值的取值范围在 0.1 到 1.0 之间。PVI 值越小，则表明在剪切过程中印花色浆的粘度变化越大。表 4-1 给出了常用印花原糊的粘度指数，表中数据在 22℃室温下获得。

表 4-1　常用印花原糊的粘度指数

糊料名称	糊料浓度（%）	PVI 值
小麦淀粉	5	0.199
印染胶	70	0.598
海藻酸钠	4	0.676
羧甲基纤维素	6	0.706

影响印花糊料粘度指数的因素较多，其中糊料的相对分子质量和原糊的浓度是影响最大的两种因素。化学糊料和复合糊料中，糊料的相对分子质量越大，色浆的粘度指数就越低；原糊的浓度越高，色浆的粘度指数越低。

4. 印花糊料的性能测试

印花糊料的基本性能除了前面介绍的粘度指数以外，还包括多项可通过实验测试的其他基本性能，最常测试的性能包括与化学药品的相容性、对电解质的稳定性、抱水性、耐湿性、渗透性、塞网性、成膜性、脱网性以及与染料的反应性等。上述所有的糊料基本性能测试都对应着相关的测试方法。然而，不论哪一种测试方法，都不如通过实际印花效果来判定印花糊料的基本性能更直接、更全面。

通过实际印花效果评定印花糊料的实验步骤如下：

① 根据印花工艺要求将印花原糊调制成色浆并印花；

② 对印花试样进行烘干、汽蒸、水洗、皂洗、水洗和干燥；

③ 进行平行实验,通过目测或电子测配色仪器测量印花试样正反面的表面深度值,比较和判断印花糊料的基本性能。

在判定印花糊料基本性能的过程中,应该从以下几方面入手:

(1)发色性

发色性可以通过印花织物得色量的深浅来表示。当目测无法判定得色深浅时,可通过电子测色仪测量最大吸收波长下印花织物的表面深度值 K/S,来比较织物颜色的深浅。通过比较平行试样正面颜色的区别,可以判定印花糊料的发色性能。正面颜色区别越大,色差越明显,色浆的发色性越差。电子测色系统是通过测量特定波长下印花织物颜色的反射率来给定织物颜色的表面深度值的。表面深度值 K/S 与特定波长下印花织物颜色的反射率有如下关系:

$$K/S = \frac{(1-R)^2}{2R} \tag{4-2}$$

式中:R 为织物表面反射率;K 为不透明体的吸收系数;S 为不透明体的散射系数。

通常,K/S 用来表示有颜色织物的表面深度。上述的关系式也被称作库贝尔卡—蒙克(KUBELKA-MUNK)方程式。

(2)鲜艳性

鲜艳性就是指颜色的鲜艳程度,既可以通过目测判定,也可以通过测色仪器测量。关于颜色的鲜艳性,在项目3的阅读资料2中有过详细描述,此处不再赘述。可通过测定色样的饱和度差△Cs 来表示样品与标样之间鲜艳度的差别,即:

$$\triangle C_s = C_{sp} - C_{std} \tag{4-3}$$

式中:sp 表示样品,std 表示标样。

△C_s 为正值,则表示样品比标样鲜艳;△C_s 为负值,则表示标样比样品鲜艳。

(3)尖锐性

尖锐性用来表示印花花型细小轮廓线条的清晰程度,可通过目测完成。接版不准、花型错位、接缝搭色等印花疵点也会影响花型轮廓清晰程度的判定。为了简化判定过程,可以通过判定单色花型细小轮廓线条的清晰程度来断定该色浆的性能稳定性。花型轮廓越模糊,越不清晰,色浆的尖锐性越差。

(4)渗透性

通常可以通过对印花织物背面的颜色深度进行目测或利用电子测色仪器测量来判定色浆的渗透性。印花织物颜色的表面深度仍可用库贝尔卡—蒙克(KUBELKA-MUNK)方程式来表示。同时,结合色浆的发色性数据,还可以用测得的表面深度值 K/S 来计算该色浆的渗透率,公式如下:

$$色浆渗透率 = \frac{织物反面的\ K/S\ 值}{织物正面的\ K/S\ 值} \times 100\% \tag{4-4}$$

若使用实际印花试样判定色浆的基本性能,选择花版时必须考虑花型图案的具体特点。花型中必须有一部分是大块的印花图案,还有一部分可以体现细小的花型轮廓,否则就无法通过实际印花,准确、全面地判定色浆的基本性能。

5.印花糊料的性能测试实验

根据本任务所讨论的印花糊料基本要求、基本性能的有关内容,由学生自行设计试验方案,测试印花糊料的主要性能。相关资料还可以参考本书附录中"实验5:印花糊料性能测试"的相关内容。要求实验必须独立设计,分组完成。通过实验数据、实验分析和实验总结,对学生的实验设计水平和设计能力给出恰当判断,作为实验考核的依据。

6.印花糊料应用举例

例1:海藻酸钠糊的应用

由海藻酸的钠盐、钾盐、钙盐、镁盐和铵盐组成,主要提取自褐藻,是纺织品印花中用途极其广泛的印花原糊。

① 基本性质

● 海藻酸钠易溶于水,糊化性能良好,温水可使之膨化,即可获得均匀、粘稠的褐色或白色浆糊,一般糊化温度为60℃以下。

● 1‰水溶液的pH值为6.5到7.5。在pH值为6到11的条件下其稳定性较好。当pH值低于6以下时,海藻酸钠会析出海藻酸而不溶于水。当pH值高于11以后,海藻酸钠就会凝聚。

● pH值为7时,海藻酸钠的粘性最大。浓度增加以后,粘度急剧上升。随温度上升,其粘度显著下降;在30℃至60℃之间,粘度下降明显;80℃以后粘度下降趋缓。

● 海藻酸钠浆液腐化变质时,粘度明显下降,液面产生泡沫,发出恶臭气味,色泽也会由褐色变为黑色。

② 原糊制备

海藻酸钠:	6~8kg
水(60℃以下):	70~80kg
六偏磷酸钠:	0.5~1kg
调节pH值(纯碱):	7~8
用水补足至总量:	100kg

③ 应用资料

● 强酸,强碱和某些重金属离子都可以使海藻酸钠产生凝聚现象。钙、铝、锌、钡、铁、铅、铜等2价以上的金属离子都会使海藻酸钠凝固成这些金属离子的盐类。在制备海藻酸钠糊料时必须使用经六偏磷酸钠软化的软水,以免水中的钙离子引起海藻酸钠的凝聚。在储存海藻酸钠糊料时,为防止其变质,可在糊料中加入防腐剂。应当注意的是,不可选用含有重金属离子的防腐剂,以免引起糊料凝聚。甲醛、苯酚、三乙醇胺等物质是较常用的防腐剂。

● 海藻酸钠是水溶性糊料,易被热水去除。如用淡碱处理,也可轻易去除海藻酸钠糊料。所以,印花后水洗时,可采用低浓度含碱温水去除织物上的海藻酸钠糊料。

例2:合成龙胶的应用

合成龙胶又称合成龙胶粉,通常采用刺槐豆胶经醚化反应制成,属植物类合成浆料,可用作印花糊料。

① 基本特性

合成龙胶的外观状态为淡黄棕色粉末,耐碱性较差,对硼砂、锌盐和铜盐不稳定。成糊率较高,印花均匀性好,手感好,易洗除,耐酸性好。适于调制可溶性还原染料色浆和酸性染料色浆,不适于调制活性染料色浆。成糊后原糊的 pH 值为 8～8.5,使用时可用醋酸调节 pH 值至中性。

② 原糊制备

制备合成龙胶原糊时,可将 4kg 的合成龙胶粉慢慢撒入 80℃ 左右的热水中,通常水的重量为 90kg 左右。制备原糊时必须慢慢撒入,快速搅拌。将 4kg 合成龙胶全部撒入热水后,继续搅拌 2～3 h 至透明无颗粒状态,并冷却至 40～50℃ 即可,最后加入热水将原糊重量配至 100kg。成糊后,加入少量醋酸将原糊的 pH 值调至中性,并加入浓度为 40% 的甲醛 200mL 作为防腐剂。

③ 应用资料

制备合成龙胶的资源比较丰富,因此其价格比较便宜。由于合成龙胶对碱和金属盐的抵抗力较差,所以在应用前需经小样实验。通常合成龙胶为 50kg 的麻袋包装,并内衬塑料袋。储存时需放置在阴凉通风干燥处,以防止受潮结块。存放时还需注意防止受到硼砂或碱剂的侵蚀而变质。淀粉糊料也是棉织物印花加工时经常使用的印花糊料。由于合成龙胶糊料易于去除,所以,为提高淀粉浆料的洗涤效率,可以考虑在淀粉糊料中加入少量合成龙胶原糊。

任务 2:涂料印花助剂应用与测试

基本要求:
1. 知道粘合剂基本性能的测试方法,会测试涂料印花粘合剂的基本性能;
2. 知道交联剂的应用方法。

1. 前言

涂料印花是借助粘合剂使颜料在织物上形成花型图案的纺织品加工过程。将颜料、粘合剂、交联剂、乳化糊或合成糊料、柔软剂、增稠剂等配成的浆状物质通常被称作涂料。与染料印花相比,涂料印花就是将涂料经过机械作用在织物表面形成坚固、透明、耐磨的有色薄膜过程,具有以下优点:

① 工艺简单,色浆调制方便,工艺流程短,生产效率高,占地面积小,废水排放少,综合成本低。

② 色谱齐全,色泽鲜艳,耐晒牢度好,花型轮廓清晰。

③ 着色均匀,不受面料材质限制,特别适合加工涤棉混纺织物。

④ 工艺适应性广,可与多种染料共同印花。

⑤ 拼色容易,便于成品品质检验。

⑥ 适合较多的特殊印花方法,便于开发新产品。

除此之外,涂料印花的主要缺点如下:

① 产品的洗刷牢度和摩擦牢度较差。

② 印有大面积花型后织物的手感较差。

③ 如果色浆中的粘合剂质量较差,容易引起较多的印花疵点。

④ 由于粘合剂的制备单体多为有毒物质,所以,当粘合剂中的单体没有完全挥发时,就会对印花操作工人的身体产生危害。

⑤ 若色浆中大量采用乳化糊,减少粘合剂用量,不仅会影响印花牢度,还会因为乳化糊中挥发性物质的大量挥发而引起工作现场的空气污染或火灾。

2. 涂料

涂料是一种颜料,不溶于水和有机溶剂,是在有机颜料或无机颜料中加入一定比例的甘油、平平加 O、乳化剂和水并经研磨而成的具有一定细度的可分散的浆状物质。涂料浆的含固量一般在 20% 左右,最高的可达到 40%,其颗粒细度可以达到 $0.5\mu m$ 到 $2\mu m$ 之间。虽然涂料中无机颜料或金属粉末的细度过低可以增加涂料浆的扩散性能和耐磨耐洗性,但其颜色就会失去光泽,从而降低涂料印花的鲜艳度。涂料的细度过大时,印花后的色泽会变得萎暗,着色率也会下降,耐磨和耐洗牢度都会下降。因此,保证涂料的颗粒细度符合要求,是提高涂料印花产品质量的重要前提。从而,涂料印花加工时对涂料提出了以下基本要求:

① 具有较好的耐光性。

② 具有较好的耐热性。

③ 具有较好的耐酸、耐碱、耐有机溶剂、耐氧化剂的能力。

④ 具有适当的相对密度和分散性,在涂料浆中不会上浮或沉淀。

⑤ 具有较好的升华牢度和烟熏褪色牢度。

⑥ 具有较高的着色量和遮盖能力。

涂料按照化学特性可分为无机和有机两大类。无机颜料用作涂料,白色的有钛白粉,黑色的有炭黑。而金属粉末多为具有一定细度的铜锌合金粉和铝粉。有机颜料用作涂料的有偶氮染料、酞菁染料、金属络合染料和还原染料等。黄、深蓝、红、酱色涂料为偶氮染料;艳蓝和艳绿色涂料为酞菁染料;而青莲和金黄色涂料大多为还原染料。荧光染料是有机涂料中的特殊品种,能吸收可见光中波长较短的光,提高了涂料的亮度和纯度。

3. 粘合剂

(1)粘合剂工作机理

涂料印花粘合剂是涂料印花浆的重要组成部分,其质量优劣直接关系着涂料印花成品品质的好坏。常用的涂料印花粘合剂大多是油/水型的乳化液,其内相是聚合物颗粒,外相是水,聚合物颗粒分散在水相中。在一定的工艺条件下,涂料印花粘合剂可以在织物表面成膜,成膜后可将涂料固着在织物表面。通常,印花粘合剂的成膜过程包括水分蒸发、乳液中聚合物颗粒变形、分子扩散成膜三个阶段。随着水分的蒸发和乳液颗粒逐步接近和接触,会在颗粒之间形成毛细管并产生毛细管压强。毛细管越细,压强越大。当毛细管压强大于乳液颗粒的抗变形能力时,乳液颗粒就会被挤压变形。变形后的乳液颗粒之间将产生高聚物分子的相互渗透和相互扩散,从而引起涂料粘合剂分子之间的相互缠绕,最后在织物表面成膜。

(2)粘合剂分类

涂料印花粘合剂属于高分子聚合物,根据聚合单体的不同特点,可将涂料印花粘合剂分成丁苯合成乳胶类、丙烯酸类、丁二烯类等多种类型。上述多种涂料印花粘合剂在发展过程中可分为以下四代产品：

第一代产品：非交联型粘合剂

此类粘合剂是一种不能交联的高分子成膜聚合物，其分子中没有可发生交联反应的基团。此类涂料印花粘合剂的大分子呈线性，粘合力差，色牢度差，给色量低，目前较少使用，基本处于被淘汰的状况。

第二代产品：外交联型粘合剂

此类粘合剂属共聚型聚合物，分子中含有羟基、羧基、氨基和酰胺基等活性基团，受热后能与添加的交联剂发生反应，从而提高成膜性能。如果在涂料浆中加入乳化型增稠剂，还可以改善产品的手感。此类粘合剂粘合力较好，耐老化性能较强，可通过聚合单体的组分和比例不同来调整粘合剂对印花产品手感的影响。此类粘合剂用途广泛，可用于棉织物、粘胶织物、真丝织物、涤纶织物、涤棉织物和涤粘织物的涂料印花。

第三代产品：自交联型粘合剂

此类粘合剂大多为丙烯酸酯类共聚物乳液，乳液中引入了活性单体。常用的活性单体中都含有羟甲基，经150℃的高温焙烘后，活性单体中两个以上的羟甲基会通过自身缩合完成交联，使线性分子呈网状结构。这样不仅提高了涂料薄膜的韧性，明显降低涂料浆的用量，还可以提高印花牢度，改善织物手感。

第四代产品：低温型粘合剂

为节省能源，降低烘干温度，增加低温型涂料的应用，低温型粘合剂的发展非常迅速。通过增加自交联基团的活性，可以把普通自交联型粘合剂的焙烘温度由原来的150℃降低到110℃以下的烘干温度，而且印花产品的手感可以得到进一步的改善。

随着科学技术的飞速发展，人们对纺织品的生态性要求不断提高，以游离甲醛超标为代表的纺织品生态性问题已经成为涂料印花加工中无法回避的问题。因此，新型的环保粘合剂在涂料印花中使用的越来越多，能够满足织物中的游离甲醛释放量低于75mg/kg这一基本要求的涂料印花粘合剂越来越多。同时，使用了采用纳米技术开发的纳米级涂料印花粘合剂以后，彻底改变了原来由粘合剂交联成膜后使涂料固着于织物表面的粘合方式，而变成了涂料颗粒—粘合剂—纤维之间点对点的粘合方式。这样的粘合方式不仅可以明显降低粘合剂的用量，还可以在不影响色牢度的前提下充分保证涂料印花产品的手感。

（3）粘合剂的要求

涂料印花的发展主要依赖于粘合剂的发展。粘合剂在织物上成膜后，必须有一定的机械强度、足够的耐磨性和良好的粘着力。而这一切不仅有赖于粘合剂高分子聚合物的组成，还与高分子聚合物的相对分子质量密切相关。作为高分子聚合物的组成成分，各种单体有其不同的特点。为了充分发挥不同单体的主要特点，需要在制备粘合剂时对组成粘合剂的单体有所选择。只有这样，粘合剂的各项指标才能令人满意。与此同时，共聚物的平均聚合度越小，其相对分子质量也就越小，那么粘合剂成膜后的机械性能就会相对较差。如果共聚物的平均聚合度过大，聚合物的相对分子质量也就越大，相同用量下粘合剂扩散进入纤维内部的机会就会明显下降。因此，涂料与纤维的粘合力也会下降，涂料印花的粘着牢度也会受到直接影响。所以，粘合剂的相对分子质量不能太大，也不能太小。

综上所述，涂料印花时使用的粘合剂，必须具备以下性能：

① 能够形成柔软而富有弹性的薄膜,特别是印花部位的手感与其他部位区别不大。

② 具有良好的粘合力,使涂料印花的耐摩擦牢度、耐水浸牢度、耐皂洗牢度能够达到纺织品色牢度的要求。

③ 乳液的稳定性较好,常温下不凝固不沉淀,储存稳定性优良。经简单的搅拌可与颜料充分相容,成膜后具有较好的弹性。

④ 粘合剂成膜后的薄膜必须透明,不能引起涂料印花的色光变化,不能影响各种颜色的得色量和颜色鲜艳度。

⑤ 粘合剂成膜后,薄膜的耐光性、耐热性、泛黄性和耐老化性必须得到良好的保证,否则将严重影响涂料印花的产品品质。

⑥ 形成的薄膜必须耐水洗、耐干洗,对还原剂、金属盐、酸、碱等各种化学药剂具有良好的稳定性。

⑦ 正常印花时,常温下不易结膜,不易塞网。

(4)粘合剂性能测试

粘合剂的质量优劣,可以通过其泛黄性、印花织物牢度、成膜性、稳定性和印花织物手感等多种性能来表示。

① 泛黄性

称取 40g 涂料印花粘合剂样品和 60g 乳化浆 A,搅拌均匀。把涤棉漂白织物用 1~2g/L 的洗涤液溶液沸煮 20min 后水洗,晾干后置于台板上待用。把带有大面积花型的印花网板放在放有漂白待印织物的台板上,将印花浆置于网板上,用橡皮刮刀来回刮一次,取出印花试样并在 100℃下烘干。将上述印花织物在 180℃烘箱中焙烘 2min 后取出,待冷却后用灰色沾色分级样卡对印花部位和未印花部位进行评级。也可将上述印花织物于 185℃下用升华牢度仪压烫 1min 后用灰色沾色分级样卡对印花部位和未印花部位进行评级。如果目测评级困难,也可用白度仪对印花织物的泛黄程度进行测量。白度的变化情况通常可以代表印花织物的泛黄程度。

② 牢度

印花产品的牢度可以通过测量摩擦牢度、刷洗牢度、变色性来体现。印花试样的制作同泛黄性试验。摩擦牢度的测试可参照一般染色产品摩擦牢度的测试方法,具体可参照 GB 3920—1983 方法测定。试样的变色性可通过测量印花部位的变色情况获得,具体的测量方法可以用电子测色系统测量焙烘前后印花部位颜色表面深度的变化,通过量化地比较印花织物的颜色变化来判定印花试样的变色性。

刷洗牢度的测试可以参照以下方法进行:将上述印花试样于 2g/L 的洗衣粉溶液中在 60℃下洗涤 2min 后取出平放在摩擦试验机上,用尼龙刷沿试样经向往返 50 次后取下试样,再于室温下干燥后用褪色样卡评定褪色等级。必要时也可通过电子测色仪测定刷洗前后印花部位的表面深度的变化,从而量化地判定印花织物的刷洗牢度的变化。

③ 成膜性

粘合剂的成膜性可以通过涂料浆的塞网性进行测量。涂料浆的配置和印花试样的织物规格同泛黄性,具体的测试方法如下:将适量调制好的涂料浆放在印花塞网的上半部分,用橡皮刮刀来回刮三次;将网板移开平放于 50℃的烘箱内,30min 后取出,用水冲洗,冲洗时注意观察印花网板的塞网状况;也可以将印花网板对准光源,以观察其网眼的堵塞状况;还可用该网板再次印花,通过比较两次印花花型的完整性和涂料浆的渗透状况,来比较试样网板的塞网程度。

④ 稳定性

可通过离心分离试验判定涂料印花粘合剂乳液的稳定性。将已知含固量的粘合剂用水稀释至15%含固量的溶液。将该溶液用离心分离机以 3 000 r/min 的转速旋转 30min。观察此时溶液的沉淀状况,通过沉淀物的多少来判定乳液的稳定性。

4. 交联剂

(1)交联剂工作机理

涂料印花时使用的交联剂也可以称作涂料印花的固色剂或架桥剂,其作用是提高涂料印花的湿处理牢度和摩擦牢度,提高耐热和耐溶剂性能,降低印花时的焙烘温度并缩短焙烘时间。交联剂是一种分子中至少具有两个反应性基团的化合物,经过适当处理,其反应性基团可与纤维中的有关基团形成纤维分子之间的交联,也可以与粘合剂中的反应性基团形成网状结构的粘合剂皮膜,还可以与纤维中的反应性基团和粘合剂中的反应性基团同时产生交联。有些交联剂的分子本身之间也可以发生反应。总之,通过以上各种方式的交联,可提高涂料印花产品的湿处理牢度、色牢度和摩擦牢度。

(2)交联剂基本要求

交联过程是缩合反应,是在大分子之间缓慢进行的。所以,涂料印花中是否采用交联剂,不仅取决于粘合剂的基本性质,还取决于涂料印花的工艺条件。这些工艺条件主要包括工艺温度和涂料浆的酸碱度。涂料印花时选择适当的交联剂,不仅可以提高产品的各项牢度,还可以赋予印花产品光滑的表面。但如果选用反应性特别活跃的交联剂,很有可能影响印花浆的稳定性,难以控制涂料印花的工艺条件。因此,涂料印花加工时选用的交联剂必须满足以下条件:

① 具有良好的存放稳定性。

② 不会与粘合剂在较低温度下发生交联。

③ 不会影响印花色浆的稳定性。

④ 交联密度高,可明显提高印花产品的各项牢度。

⑤ 不会影响印花产品的手感。

⑥ 不会影响粘合剂薄膜的透明度。

⑦ 不会影响同浆印花的染料的色泽和牢度。

⑧不会释放游离甲醛,或者释放的游离甲醛量能够满足相关标准要求。

⑨ 可以明显降低粘合剂的交联温度。

⑩ 不会增加粘合剂结膜和塞网的趋势。

(3)交联剂分类

交联剂可分为两种,一种是活泼多官能团化合物类交联剂,另一种是热固型树脂类交联剂。活泼多官能团化合物类交联剂的典型产品为交联剂 FH。在粘合剂的线性分子链中导入羟基、醛基、羧基、酰胺基、氨基等活性基团,可与交联剂中的丙烯酰胺基发生交联而形成网状结构,从而提高粘合剂皮膜的牢度。

交联剂 FH 是一种适合于低温焙烘的交联剂,外观状态为微黄色、低粘度、呈酸性的透明液体。通常用量为涂料浆总体重量的 2.5%,用量过多容易造成堵塞刮刀刀口,引起织物手感发硬的现象。与其他交联剂相比,交联剂 FH 的化学反应性比较活跃,所以,在使用时必须在印花加工前将其加入涂料色浆,才可以避免出现诸如堵塞刀口、结膜过早和堵塞印花网板的现象。在把交联剂加入色浆之前,可用三倍的水稀释交联剂。把稀释后的交联剂加入色浆,可以稳定和提高印花色浆的性能。印花色浆的温度不宜过高,否则也会产生上述诸多问题。如果室温过高,可以采用塑料冰袋给色浆降温。交联剂 FH 与 DMDHEU 树脂按1∶1 的比例混合后,可用于涤棉织物的涂料印花。

除此之外,交联剂 EH 的外观状态为浅棕色呈酸性的粘稠液体,但因其对碱、热和冷冻均不稳定。所以,与交联剂 FH 相比,使用机会减少很多。

粘合剂中,热塑型线性高聚物树脂所占比例较大。用该类粘合剂加工涂料印花产品,虽然可以获得良好的织物手感,但产品的摩擦牢度较差。而在使用此类粘合剂时加入适量的热固型树脂类交联剂,虽然可以明显提高涂料印花产品的摩擦牢度,但由于热固型交联剂能够在水中膨化皮膜,造成涂料印花的皮膜脆损,粘合剂的稳定性下降,所以不常采用。DMD-HEU 树脂作为交联剂加入涂料色浆后,对粘合剂的稳定性和色浆印花稳定性影响不大,因此应用较多。

粘合剂、交联剂的品种较多,在使用时不同类型的粘合剂都有与之相配套的交联剂。涂料印花时是否加入交联剂,主要与粘合剂的基本特性有关。粘合剂的基本性质决定了交联剂的品种、用量、加入方式、焙烘温度和焙烘时间。因此,在大生产之前需要进行一系列的小样实验,以确定上述的工艺配方、工艺方法和工艺条件。在进行小样实验时,找出交联剂的加入量是最终确定工艺配方的关键所在。如前所述,在使用自交联型粘合剂时,在色浆中加入少量交联剂,不仅可以提高各种牢度,还可以赋予织物光滑的表面。但是,当交联剂加入过量以后,粘合剂所形成的皮膜就会变脆发硬,这将严重影响织物的手感。

5. 粘合剂性能测试实验

根据本任务相关内容的叙述,由学生自行设计涂料印花粘合剂性能检测方案。在设计过程中还可参阅本书附录中实验 6 的有关内容。可通过实验报告、实验数据、实验分析、实验结果和相关思考题的回答情况,来判定学生的实验操作能力和实验设计水平。

6. 涂料印花助剂应用举例

例 1:粘合剂 BH 的应用

适用于棉、粘胶、锦纶、涤纶等纤维及其混纺织物的涂料印花用粘合剂。

① 基本组成

属丁二烯与苯乙烯的共聚物,由丁苯橡胶乳液、醋酸、甲壳质、火油、平平加 O 和水组成。

② 基本特性

● 乳白色乳化液,含固量约 40%。

● pH 值约为 5~6,水稀释性好,使用后印花设备易于清洗。

● 耐冷冻,可达零下 30℃。

● 润滑性好,滤浆容易。

● 铝盐、锌盐、醋酸锌等对其无影响,加入氯化钠会降低其溶液的粘度。

- 经汽蒸成膜后皮膜坚韧,织物手感柔软,色牢度良好。
- 乳液中的甲壳质、醋酸可使溶液呈阳荷性,遇阴荷性物质产生沉淀。
- 包装为 50kg 铁桶装,内衬塑料袋,储存期 6 个月。

③ 应用资料

- 结膜速度较慢,易于刮浆。
- 不耐碱,热稳定性较差。
- 不能与活性染料同印。
- 防染印花时易吸附电荷相反的染料在织物上形成色罩。
- 薄膜易泛黄,不能用于白涂料印花。
- 甲壳质成膜后脆性大,弹性差,与丁苯橡胶乳液混用效果更好。

例 2:交联剂 EH 的应用

① 组成

交联剂 EH 由环氧氯丙烷、己二胺和盐酸组成。

② 性能

外观:浅棕色粘稠液体。

含固量:35%～40%。

pH 值:2～3。

水溶性:用水可以任意比例稀释。

稳定性:酸性介质中稳定,碱性介质中不稳定,对热和冷冻不稳定。

③ 应用

交联剂 EH 主要用作涂料印花,还可用作硫化染料、活性染料、交联染料的固色处理。作为涂料印花的交联剂可提高印花色浆的均匀性和得色量,还可改善印花织物的湿处理牢度,一般用量为 20～30g/L。

工艺流程:

印花→烘干→固着

色浆处方:

10%的粘合剂 FWR:	10～20kg
乳化糊:	X
阿克拉莫 W:	10～20kg
涂料:	1～15kg
尿素(1∶1):	5kg
交联剂 EH:	1.2～2.5kg
加水至:	100kg

注意事项:

- 阿克拉莫 W 易泛黄,不适合白涂料印花。
- 调浆时不能用铜、铁等金属容器。
- 调浆宜在较低温度下进行,以免出现絮状物。
- 若色浆泡沫过多,可加入适量的松节油、硅油等消泡剂。

- 粘合剂的加入量为涂料量的 2.5 倍外加 150g 左右。
- 交联剂的加入量为涂料量的 0.17 倍外加 8g 左右。

操作步骤：

- 调浆时先放冷水于浆桶中，之后加入粉状的粘合剂 FWR 并快速搅拌，随后慢慢加入用冷水稀释的冰醋酸溶液，继续搅拌至溶液呈透明的无气泡状态，放置 24 h 后仍呈透明浆状体方可备用。
- 如急用，可先将 30％的酒精 300g 加入水中，再加入粉状粘合剂 FWR，搅拌后加入稀释的醋酸，3～4 h 后即可使用。

任务3：阅读资料

导读：

为使读者对染整助剂有全面认识，编者在这里为读者提供了介绍印花用增稠剂的短文。同时，编者也根据经验罗列了编写"染整助剂产品说明书"的一些体会，希望能为读者将来开展染整助剂应用与营销奠定良好基础。

1. 增稠剂简介

涂料印花是依靠粘合剂把与纤维无亲和力的颜料粘着在织物表面以获得所需图案的印花加工过程。虽然涂料印花与染料印花一样，也需要通过增稠剂来提高色浆的粘度，避免色浆的渗化，但是，涂料印花与染料印花确有很大不同。因为染料印花所使用的糊料只是在印花加工时赋予色浆一定的粘度，保证印花过程顺利完成，固色后糊料不仅不会再发挥作用，还会影响印花织物的手感。所以必须通过必要的洗涤去除糊料，以保证织物手感满足客户要求。而涂料印花时所用的增稠剂会被粘合剂连同涂料一起固着在织物上并成为花型图案的一部分而无法通过洗涤去除。因此，为了改善涂料印花产品的手感，适用于染料印花的增稠剂通常不适用于涂料印花。涂料印花所用的增稠剂必须能够满足工艺所需的特殊要求。

为了最大限度地保证涂料印花织物的手感，以往涂料印花时通常采用乳化浆 A 作为增稠剂。乳化浆 A 属于合成糊料，是以矿物油中的白火油和煤油为主要成分的水包油型的乳化糊。因其含固量低，内相和外相都是液体，烘干后除残留少量乳化剂和保护胶体物质以外，液体基本上全部挥发，因此对织物手感的影响较小。同时，乳化浆 A 还具有印花色泽鲜艳、花型轮廓清晰等特点，所以过去的涂料印花加工时乳化浆 A 被大量使用。随着生态纺织品的迅速发展和工作环境的不断改善，近年来乳化浆 A 使用的机会越来越少。乳化浆 A 中石油的分馏物含量接近 70％，而石油分馏物由于近年来能源持续紧张的原因更多地被用作煤炭的替代品，所以用石油分馏物来加工乳化浆 A 的成本逐年上升。同时，用乳化浆 A 做涂料印花增稠剂以后，由于烘干时矿物油的大量挥发，不仅会严重污染生产环境，还可能引起爆炸和火灾。所以乳化浆 A 的使用量连年下降。随着合成增稠剂和复合增稠剂品种的不断增加和质量的不断提高，乳化浆 A 用于涂料印花加工越来越少。

作为涂料印花用增稠剂，应该具有以下性能：

① 用很低的含固量便可调制成较高粘度的原糊。

② 原糊的稳定性较好。

③ 色浆的粘度指数较小。

④ 与其他化学品的相容性较好。

⑤ 受到搅拌等机械运动作用时起泡性较低。

⑥ 稀释抵抗性较好。

⑦ 遇电解质时粘度变化小。

⑧ 印花加工时向织物的转移性好。

⑨ 对色泽的鲜艳度影响小。

⑩ 对印花织物的手感影响小。

涂料印花增稠剂所具备的上述性能越多,其增稠效果越好。

目前,涂料印花加工时使用的合成增稠剂主要包括两种类型,一种是非离子型的乳化增稠剂,另一种是阴离子型合成增稠剂。非离子型乳化增稠剂是一种非离子的大分子或高分子化合物,以聚氧乙烯醚的衍生物为主。此类增稠剂使用方便,适应性强,耐电解质,对织物手感影响较小。在使用中如加入少量煤油,增稠效果会明显提高,可在防染和拔染印花中使用。

阴离子型合成增稠剂目前被比较广泛地使用于涂料印花加工中,由阴离子高分子聚合物组成,分子链上含有较多羧酸基,经氨水中和成盐后,借助分子链上的羧酸盐在电离状态下所带负电荷的相互排斥作用,可使分子链充分伸展,从而提升了阴离子型合成增稠剂的粘度,能吸附大量的自由水分子。因此,当色浆的 pH 值为中性时,这类增稠剂在含固量很低时也可使印花色浆有较高粘度,对织物手感和花型色光无明显影响。当色浆中混有电解质以后,增稠剂的增稠效果会出现比较明显的下降现象,关于这一点需要在使用时引起特别的注意。为提高合成增稠剂的性能,可以在使用时加入适量的甲基丙烯酸十八酯,通过分子间的缔合作用增加增稠剂的耐电解质性能。

乳化糊主要用作涂料印花的增稠剂,是由白火油和水经乳化而成。涂料印花使用乳化糊增稠剂时,必须根据粘合剂的类型来选择乳化糊的类型。乳化糊有两种类型,一种是水包油型乳化糊,可记作 O/W 型,外观为乳白色;另一种是油包水型乳化糊,可记作 W/O 型,外观呈淡蓝色闪光。涂料印花时若采用水包油型粘合剂,应采用水包油型乳化糊。而使用油包水型粘合剂时,则应采用油包水型乳化糊。油包水型粘合剂在国内极少使用,因而水包油型乳化糊是涂料印花中最常用的增稠剂。

将尿素放入桶内,加水后搅拌溶解,加入平平加 O,然后慢慢撒入合成龙胶搅拌至无颗粒状,在高速搅拌下慢慢加入白火油,继续搅拌 30min,使其充分乳化即可得到乳化糊。如果白火油和平平加 O 的用量较多,可得到粘度较高的厚糊,可用于印花调色。若调好的色浆粘度偏高,绝对不可加水稀释,而必须用粘度偏低的乳化糊冲淡。除了合成龙胶可以作为薄浆中的保护胶体以外,羧甲基纤维素和海藻酸钠也可以代替合成龙胶作为薄浆的保护胶体。保护胶体可以稳定色浆,但用量不宜过多,否则会影响印花织物的色牢度。

在制备乳化糊时,乳化剂是极其重要的助剂。常用的乳化剂有阴离子型和非离子型两种。阴离子型乳化剂可使乳化糊的内分散相表面带电荷,分散稳定性好,乳化糊的粘度也较高,但在使用时不能遇到阳离子型物质,否则就产生破乳和沉淀。因此涂料印花中常常使用如平平加O一类的非离子型乳化剂。

白火油在烘干和焙烘时易挥发而去除,所以印花后织物上残留的固体很少,不会影响产品的色泽和手感,特别适用于涂料印花,产品的得色鲜艳,渗透性较好,印花均匀,花纹精细光洁,手感柔软。但是,如前所述,火油中的挥发性物质会造成空气污染且易燃易爆,运输和使用都不安全,还容易使产品带有火油气味。

同时,由于乳化糊中的水分较少,所以溶解染料比较困难。因此乳化糊用于染料印花时给色量较低,深颜色难以加工。而且,乳化糊中的乳化剂对水溶性染料具有缓染作用,使给色量进一步降低,容易造成印花汽蒸时的染料渗化。因此,染料印花时很少使用乳化糊作为色浆的增稠剂,而主要用于涂料印花。

2. 染整助剂产品说明书的编写

染整助剂在使用时,助剂的生产厂家通常需要向用户提供产品说明书,以提供该助剂的基本信息。这些基本信息为用户了解产品的性能特点、主要作用和使用方法提供了便利。一般情况下,染整助剂生产厂家向某印染厂介绍产品时,营销人员大多会利用恰当的时机为印染厂提供一种特点突出、价格适中、效果明显的产品。所以,营销人员为染厂提供产品说明时,可先提供一些该产品的单页说明书。制作精美的产品说明书不仅为客户传达了产品信息,也在向客户传递着企业的文化。如果营销人员能向印染厂的生产技术主管提供一些关于产品在使用时的注意事项之类的附加信息。那么,印染厂在对产品留下深刻印象的同时,对产品的营销人员也会留下良好印象。

单页的产品简介可采用双面印刷,并配有相关的应用技术报告。这样安排产品简介的主要内容,不仅可以为助剂销售人员与印染厂生产技术主管提供了相互交流的机会,也为生产技术主管提供了学习资料。当然,在有些产品简介中也可以印制一些精美的图案,宣传企业的经营理念,增加企业在业内的影响力。当某种产品在试用阶段的综合效果比较明显以后,向该印染厂介绍其他产品的机会也会随即到来。如果此时营销员为染厂提供其他产品的相关信息,最好直接把本公司的《产品说明书》送给印染厂。

《产品说明书》在内容上可包括企业简介、目录和每种产品比较详细的介绍。企业简介中可以简单介绍公司的自然状况、投资主体、地理位置、研发能力、经营理念、质量方针、质量目标、发展规划和产品分类等方面的内容。产品目录的编写通常按照产品的应用分类进行,一般前处理助剂在前,然后为染色助剂、印花助剂、整理助剂和其他助剂。每种产品的说明中主要包括以下内容:产品名称、适用对象或工序、产品主要特点、产品基本性能和产品应用工艺条件等。

(1)产品编号

染整助剂产品编号主要由生产厂家完成。不同的生产厂家有不同的产品编号方法和习惯。但总体上,染整助剂的编号还是有规律可循的。德美、传化和美高这三家业内知名的企业,在产品编号时,都采用了类似的方法,真可谓"英雄所见略同"。

比如,传化公司的起家产品是去油灵。由于上个世纪90年代中期浙江绍兴、萧山一带的纺织厂主要以有梭织机为主,所以化纤强捻织物上经常出现一些难以去除的油丝或油迹。传化去油灵的出现较好地解决了这个问题,传化公司本身也由此迅速发展壮大,成为业内具有重要影响的著名企业。由于传化公司的汉语拼音第一个字母为"C",所以,当年传化去油灵的产品编号就是C-101。产品编号中的第一个字母是助剂生产厂家的企业标识,后续流水号的第一位"1"则表示此类产品适合用于纺织品染整加工的前处理工序,流水号中的第二位和第三位"01"属于前处理系列产品中的助剂产品序列号。

美高公司的助剂产品以"M"开头,德美公司的产品以"DM"开头。虽然传化集团为适应国际发展战略建立了企业整体形象识别系统,将公司产品编码的第一个字母由"C"转化为"TF",但产品编号的基本原则并没有变化,仍保留了过去的一些做法,延续着企业优良的文化传承。

上述三家企业都是把常用的染整助剂分为四个大类,第一类为前处理助剂,通常用数字"1"表示;第二类为染色助剂,通常用数字"2"表示;第三类为印花助剂,通常用数字"3"表示;第四类为后整理助剂,通常用"4"表示。一些比较特殊的染整助剂,比如生物酶制剂、防劈裂拔丝剂等,在产品编号时可以采取不划归类别的特殊方法处理。同时,在上述三个公司的产品中,印花助剂的开发都不是他们产品开发的重点,所以,在他们的产品目录中,总是较少发现以"3"开头的产品。另外,上述三家公司中已经有公司把产品扩大到十大系列,但这并没有对其原有的编号原则产生任何影响。

染整助剂的使用者会从上述的产品编号原则和特点中初步认定助剂产品的应用类别。同时,由于柔软整理剂是所有染整助剂中用量最大、品种最多的一类产品,因此,有些生产企业单独把此类产品的编号直接编为以"5"开始的系列产品。

(2)产品性能介绍

每一种染整助剂都有其主要特点,这些特点决定了助剂的主要作用。因此,在介绍产品特性时,一些基本的信息和数据有必要向具有知情权的客户做介绍。这些产品的基本信息主要包括:

① 该助剂产品主要适用于加工哪一类纺织产品,适用于哪些加工工序。是适合于化纤产品还是适合于纤维素纤维制品,是否适合于混纺产品等。在棉织物前处理加工中,退浆、煮练、漂白、丝光各工序中,都可以加入精练剂和渗透剂,但是不同工序由于其工艺条件不同,对精练剂和渗透剂的要求也不完全相同。丝光时碱浓度很高,加入的渗透剂和精练剂必须具有较好的耐碱性。氧漂时碱性较强,渗透剂和精练剂不仅需要具有较好的耐碱性,还必须具有较好的耐氧化性。因此,在产品说明书中必须直截了当地最先说明该助剂适用于哪些纺织品加工的何种工序。

② 在介绍助剂基本性能时,还要重点介绍助剂的离子性、基本组成、水溶性、耐酸耐碱性、耐氧化剂或还原剂性能、产品的外观颜色和状态等基本信息。是液体还是固体,必须标明。当介绍助剂的pH值时,须注明是原液的pH值还是1%或10%水溶液的pH值。虽然绝大多数的染整助剂都溶于水,但是,其水溶性还是需要特别标明。对于固体来说,是易溶于冷水还是易溶于热水,溶解时热水的水温不得超过多少,都应在产品说明书中注明。必要时还需注明助剂的稳定性。除了上面已经说明的耐酸耐碱性和耐氧化剂、耐还原剂的基本性能以外,还可以注明助剂对中性盐和某些金属盐的稳定性。储存稳定性可用"出厂后常温下可密闭储存12个月"这样的描述,清楚地表明绝大多数染整助剂的储存条件和储存期限。有些助剂,比如酶制剂,其储存温度和储存期限就有特别要求,如一味地用通俗的描述传递

所有助剂的储存稳定性相关信息，容易麻痹染整助剂的使用者和销售者。

关于产品的基本组成，一般情况下其成品说明书中不会透露更多的信息。这主要与保护企业的产品配方有关。所以，在产品说明书中没有公开透露的关于产品基本组成的信息，无论是染整助剂的使用者还是销售者，都不应该主动提及。有时，在产品说明书中还要明确注明某些较特殊染整助剂的含固量。

（3）应用技术资料

应用技术资料可以包括以下主要内容：适用的加工设备、适用的加工方式、适用的工艺流程、可供参考的工艺配方和工艺条件。以匀染剂应用为例，间歇式加工设备和连续式加工设备是最常用的染色加工设备。在间歇式加工设备中，既有绳状加工方式，也有平幅加工方式。在工艺流程中，各工序的排列次序发生变化时可能会对匀染剂的使用产生较大影响。所以，在产品说明书中可以进行一些相关的说明，以明确该产品适合的工艺流程。

工艺配方通常就是指染整助剂在使用时的加入量。染整助剂的加入量通常有两种表达方式，一种是按相对于织物重量的百分比加入，通常的表达方式为 xx %(o. m. f.)；另一种是按液体的浓度计量，通常的表达方式为 xx g/L。有时可以通过浴比、织物重量和工作液中的助剂浓度，来计算某种助剂的加入量。在按织物重量百分比计算助剂加入量时，是按照每100 kg 织物加入 xx kg 助剂来计量的，因此，当计算结果偏大时，需要验证。通常的计算结果有可能因为计算错误而被扩大 100 倍。

工艺条件主要包括使用温度、适用的酸碱度、化料方式、化料温度、加料次序、保温时间、升温速度和降温速度等常规条件。使用时需要特别注意的事项也可明确标注。如水洗后需酸洗一次方可加入助剂，使用温度不可超过 60℃ 等，都是某些染整助剂使用时的基本要求。

复习指导 >>>

1. 印花是纺织品加工中十分重要的方式，属于局部染色。涂料印花技术因工艺简单、加工快捷、颜色鲜艳、图案清晰、成本适中等诸多优点发展很快，符合目前小批量、多品种、个性化的贸易方式。

2. 印花糊料是添加在色浆中起增稠作用的高分子化合物。印花糊料在添加到色浆中之前可通过加入一定的水来制成粘稠的胶体溶液。这种胶体溶液通常被称为印花原糊，印花原糊是色浆的重要组成部分。知道印花原糊的基本性质，知道印花原糊的分类方法，是正确调制和使用印花原糊的前提。发色性、鲜艳性、尖锐性和渗透性这四个方面是印花糊料基本性能检测的重点项目。

3. 粘合剂是涂料印花中必不可少的助剂。知道粘合剂的工作机理和分类方法，对于提高粘合剂的应用水平至关重要。知道影响粘合剂的稳定性、牢度、成膜性和泛黄性的主要因素，是学会粘合剂基本性能检测方法的前提。

4. 涂料印花所用的增稠剂会被粘合剂连同涂料一起固着在织物上并成为花型的一部分而无法通过洗涤去除。为了最大限度地保证涂料印花织物的手感，涂料印花时通常采用乳化浆作为增稠剂。

5. 不同的染整助剂生产厂家都有自己独立的产品编号方法。这些方法中，有一些共同的特点。总结这些特点有助于读者更好地认识产品分类,知道产品的应用性能。

思考题:

1. 在纺织品印花加工中,印花糊料有哪些基本作用?

2. 简述印花加工对印花糊料的基本要求。

3. 如何测试印花糊料的基本性能?

4. 在使用海藻酸钠糊时,需要注意哪些问题?

5. 简述涂料印花粘合剂的作用机理。

6. 简述粘合剂的主要分类方法。

7. 粘合剂必须具备的基本性能有哪些?

8. 如何测试粘合剂的基本性能?

9. 涂料印花对交联剂的基本要求有哪些?

10. 涂料印花增稠剂的基本作用有哪些?

项目 5：后整理助剂应用

基本要求：

1. 知道纺织品常见功能整理的基本要求；
2. 知道功能整理助剂的基本应用方法；
3. 阅读知识拓展资料，知道联合整理的基本要求。

纺织品染整加工的后期，需要进行整理加工，所以这些加工俗称后整理。纺织品加工的后整理方法十分丰富，有磨毛整理、拉毛整理、预缩整理、轧光整理、轧花整理、植绒整理、硬挺整理、柔软整理、防水整理、阻燃整理、增深整理、抗静电整理、卫生整理、易去污整理、抗菌整理、防螨整理、芳香整理、驱蚊整理、抗紫外线整理等等。这些整理加工对于增加纺织品的附加值起到了至关重要的作用。在上述整理中，前半部分的整理大多通过物理方法实现，后半部分的整理大多通过化学整理剂实现，从而赋予织物新的性能。因此，从染整助剂应用的角度出发，在纺织品化学整理过程中研究整理助剂的应用方法，才能学会后整理助剂的应用技术。

有些对纺织品的物理整理加工过程中也需要加入适量的化学整理剂，如磨毛加工和拉毛加工，都需要加入磨毛剂或起毛剂，以适当降低加工过程中织物表面产生长毛的机会。无论是起毛剂还是拉毛剂，都是通过降低砂纸或针布与织物之间的摩擦系数来减少磨毛和拉毛产品表面产生长毛绒的机会。从这个意义上说，磨毛剂和拉毛剂属于柔软整理剂。再如，棉织物仿真丝抛光整理需要生物酶制剂，先磨毛后抛光的加工过程，既包含了物理整理方法，也包含了化学整理方法。因此，这种比较复杂的整理技术属于一种新技术。通常在研究纺织品整理加工技术时，习惯上把通过化学整理剂而赋予织物新性能的加工方式称为纺织品的功能整理。功能整理就是本书最后研究的重点内容。按照织物常见的功能整理特点，本章安排了树脂整理剂、柔软整理剂、防水整理剂、阻燃整理剂、增深整理剂和吸湿整理剂共计六种整理剂的应用内容供读者研读。随着学习的深入，有关内容在安排上作了一些调整。本章后半部分的内容将逐渐过渡到通过功能整理剂应用研究报告向读者介绍新助剂的基本性能。最后安排的阅读资料，综合总结了本章功能整理剂应用方法，可拓展专业知识。

任务 1:树脂整理剂应用

基本要求:

1.学会树脂整理剂的应用方法;

2.知道树脂整理效果的常规鉴定方法。

1. 前言

树脂整理是最常见的纺织品功能整理之一,它不仅可以改善纤维素纤维和蚕丝等天然纤维制品的抗皱性能和防缩性,提高织物的耐久压烫性能,还可以明显降低光洁型 Lyocell 纤维制品表面原纤化的趋势。同时,树脂整理也可以同轧花、轧光、轧纹等机械整理结合起来,更好地保持这些机械整理方式的整理效果。由于棉纤维具有很多优良性能,所以棉织物仍然是成衣加工的首选面料。但是,棉织物抗皱性较差,因此,不断深入研究棉织物的树脂整理技术,努力开发新型树脂整理剂,仍然是染整技术研究的热点问题。近年来,环保型树脂整理剂发展较快,棉织物树脂整理后的游离甲醛含量成为判断新型树脂整理剂环保性的重要指标。

我国开展树脂整理的历史比较久远,从上个世纪 50 年代就开始了棉织物的树脂整理。最初的抗皱整理所采用的整理剂为合成树脂的初缩体,树脂整理也因此而得名,所用的整理剂也被称作树脂整理剂。随着科技的进步和消费者要求的不断提高,树脂整理技术从最初的防皱整理,逐步经历了免烫整理、耐久压烫整理和形态记忆整理等过程,使天然纤维制品具有了类似合成纤维洗后不易起皱、受热压烫后折缝不易消失等优点。目前树脂整理的发展方向是树脂整理后的无甲醛或低甲醛化,因此,开发和应用低甲醛树脂或无甲醛树脂自然就成为了纺织品树脂整理的热点。

以棉纤维为代表的天然纤维具有许多优良特点,其突出的缺点是服用过程中容易出现褶皱。这与在外力作用下纤维的弯曲性能有关,当外力消失后被弯曲的纤维若无法回复到原来的状态,就会在织物表面留下褶皱。棉纤维是纤维素纤维,纤维内部的无定形区存在大量氢键,缺少交联。在外力作用下,键能较低的氢键遭到破坏,使得纤维素纤维的大分子链段之间容易发生相对滑移。当外力消失后,发生滑移的大分子链段无法完全回复到原来的状态。当形变不能完全回复以后,就会产生褶皱。

基于这样的分析,棉织物树脂整理的主要机理逐渐发展成以下三种观点:

(1)覆盖说

树脂整理剂被处理到织物表面以后,经高温通过缩合反应或加成反应,在织物表面形成具有网状结构的高弹性薄膜。反应过程中,树脂整理剂充满了由纤维组成的毛细管管道,在纤维和纱线之间产生无数的粘结点。当外力作用于纤维时,粘结点之间的粘合力与薄膜的弹性回复力可以抵消部分外力,降低了大分子链段受外力而产生滑移的机会,使织物具有明显的抗皱性能。

（2）沉淀说

树脂整理剂被处理到织物表面以后，进入大分子内部的无定形区，在纤维内部形成网状树脂。经高温通过缩合反应或者加成反应，在无定形区形成网状沉淀物。这种沉淀物作为填充物阻碍了外力对大分子链段之间氢键的破坏作用，使织物具有明显的抗皱性能。

（3）交联说

树脂整理剂被处理到织物表面以后，在一定条件下可以同纤维发生反应，在纤维分子链或纤维的基本结构单元之间生成键能较高的共价键交联，从而减少了纤维在外力作用下产生形变的机会。共价键交联以后，明显增加的分子内部作用力，降低了外力对氢键的破坏作用，提高了纤维形变后的回复能力，使织物具有明显的抗皱性能。

无论上述哪一种抗皱机理，都可以较好地解释树脂整理剂的作用原理。

2. 树脂整理剂的基本要求

按照树脂整理剂的使用用途分类，树脂整理剂可分为基础树脂和控制树脂两种。基础树脂常用来进行耐久压烫整理，而控制树脂一般用于硬挺整理。虽然树脂整理剂的种类较多，但在使用时，树脂整理剂必须满足以下基本条件：

① 整理后织物的防缩、防皱和耐久压烫特性明显。

② 整理效果持久。

③ 能与纤维素纤维发生交联作用。

④ 整理后不影响织物的色泽和染色牢度。

⑤ 整理后织物的内在质量指标符合相关标准。

⑥ 整理后织物的泛黄性不明显。

⑦ 整理后织物的强力损伤较小。

⑧ 整理剂的价格适中。

⑨ 整理剂具有与催化剂和其他整理剂良好的同浴稳定性和水溶性。

树脂整理剂的发展主要经历了脲醛树脂、氰胺树脂、乙烯脲树脂和低甲醛与无甲醛树脂四个阶段。不同阶段具有代表性的树脂及其性能比较见表5-1。从表中不难发现，随着树脂整理剂的不断发展，树脂整理后织物的各项性能逐渐符合人们的要求。

表 5-1　树脂整理剂不同发展阶段的代表产品性能比较

树脂类型	代表产品	防皱性	强力损伤	防缩性	耐洗性	吸氯泛黄	手感
脲醛树脂	UF	一般	中等	一般	差	差	较硬
氰胺树脂	MF	较好	中等	较好	较好	较好	较硬
乙烯脲	2D	好	中等	较好	好	较好	较好
多羧酸	BTCA	好	中等	较好	好	好	好

3. 催化剂

为了提高生产效率，增加树脂整理效果，在使用整理剂进行树脂整理时往往需要加入催化剂。在纺织品树脂整理时加入催化剂可以促进树脂与纤维之间的交联反应，降低反应温度，缩短反应时间。因此，在选择树脂整理催化剂时必须满足以下要求：

① 整理剂溶液中加入催化剂以后，催化剂必须与整理剂溶液有良好的相容性，溶液不

分层、不结块、不飘浮,而且 pH 值不会产生明显变化。

② 催化剂的催化效果必须明显。主要表现在正常的焙烘条件下短时间内即可促成树脂与纤维之间完成交联反应,不会影响织物的基本物理性能。同时,催化剂的用量必须适中,过多会引起树脂的水解,过少则影响催化效果。

常用的催化剂有以下几类:

① 铵盐

氯化铵、硫酸铵、硝酸铵等铵盐类无机盐,受热后会分解而产生无机酸。此类铵盐属强酸弱碱盐,可使树脂整理液的 pH 值下降,降低整个树脂整理液的稳定性,因此在使用时需特别注意。

② 有机胺盐酸盐

三乙醇胺盐酸盐、2-羟基伯胺盐酸盐等物质,高温下可显示出酸性,不会对树脂整理液的稳定性产生不良影响,特别适合用作三聚氰胺系列和尿素系列树脂整理的催化剂。

③ 金属盐

氯化镁、氯化锌、硝酸锌等碱土金属盐类受热后显现出酸性,适合用作纤维素纤维制品树脂整理的催化剂。

④ 复合催化剂

将氯化镁和柠檬酸按 1:3 的比例混合,可组成金属盐/有机酸复合催化剂。该类催化剂可明显降低焙烘温度,缩短焙烘时间。

此外,次氯酸钠可用作树脂整理剂与纤维之间通过酯化反应而产生交联作用的交联催化剂。

4. 低甲醛树脂整理的发展

上个世纪后期,由于整理效果较好,树脂整理时主要使用 N-羟甲基化合物,如 2D 树脂和六羟甲基三聚氰胺树脂等。然而,由于在交联中反应不彻底,整理后织物上存在游离甲醛。同时,织物在储存中,未反应的羟甲基会不断游离出甲醛,而交联后的缩醛键、分子中的亚胺键遇到潮湿空气后,也会在酸性或碱性条件下水解而产生甲醛。上个世纪 90 年代以后,以欧盟为代表的地区从关心消费者身心健康的角度出发,提出检测指标不断严格的甲醛释放标准。为了全面参与全球经济一体化,我国也在本世纪初颁布了与欧盟指标等同的纺织品游离甲醛释放量的国家标准。该标准不属于推荐标准,而具有强制执行性。凡是出口欧盟地区的纺织品,在游离甲醛释放量的问题上必须满足国家标准要求。

实践证明,残留在织物表面的某些染料和助剂会通过人体的皮肤或服用者的呼吸进入人体内,对人类健康产生负面影响。所以,控制纺织品上对人体健康可能产生不良影响的残留物,尽可能地减少这些残留物,就自然地成为纺织品染整加工的目标之一。控制纺织品中的有害物质,降低有害物质的含量,必须从控制纺织品加工过程着手。根据 2002 年颁布的国际纺织品生态环境研究与测试协会指定的 Oeko-Tex Standard 100 标准规定,致癌的芳香胺偶氮染料、游离甲醛、可萃取的重金属、杀虫剂和防腐剂、织物表面的 pH 值等多个方面都有严格的要求。各种织物在染整加工时经常会进行防缩整理、免烫整理、抗皱整理以及固色加工,印花产品中涂料印花加工方式也越来越多。而在上述加工中,都需要进行交联反应,甲醛就是被广泛使用的交联剂。由于交联的不彻底性,未参与交联反应的甲醛或者由水解产生的甲醛,从纺织品中释放出来以后,就会对人体产生危害。

不同类型的织物允许释放的甲醛含量有所不同,按照我国于 2001 年初颁布的国家标准 GB 18401 中的规定,婴幼儿类纺织品允许释放的甲醛含量不得超过 20mg/kg;直接与皮肤接触类的纺织品允许释放的甲醛含量不得超过 75mg/kg;非直接接触皮肤类纺织品允许释放的甲醛含量不得超过 200mg/kg;而室内装饰类纺织品允许释放的甲醛含量不得超过 300mg/kg。不同国家和地区的标准中规定的甲醛释放量与我国颁布的标准在指标和要求上相差不大。使用甲醛交联剂的替代品是减少甲醛释放量的根本措施,但由于甲醛交联剂具有其他交联剂无法替代的优点,所以在许多加工工序中仍有较大使用量。可以采用加强水洗或者使用尿素作为助溶剂进行水洗的方法,降低织物中游离甲醛的含量。通常采用的降低游离甲醛释放量的方法有以下几种:

① 在浸轧树脂整理液中加入甲醛吸收剂

带有仲胺基的化合物可与甲醛反应,起到减少或清除甲醛的作用。由于此类物质的溶解度较小或者可能引起织物颜色发生变化,所以使用不多。最具代表性的物质是 1,3-丙酮二羧酸二甲酯（$CH_3OOCOCH_2COCH_2OOCH_3$）,可使织物中的游离甲醛释放量控制在 10mg/kg 以下。

② 在树脂整理液中拼混高分子物质

在树脂整理液中添加水溶性高分子树脂,可降低传统树脂整理剂的用量,进而降低游离甲醛释放量。常用的此类物质有水溶性聚氨酯、硅酮弹性体、聚丙烯酸酯、壳聚糖等高分子化合物,可降低游离甲醛释放量达 50% 以上。

③ 使用低甲醛或无甲醛树脂整理剂

直接采用低甲醛释放量的经过醚化的 2D 树脂、六羟树脂对纺织品进行树脂整理后,织物中的游离甲醛释放量可以达到 300mg/kg 以下的水平。而采用二甘醇醚化的 2D 树脂对织物进行树脂整理,织物中的甲醛释放量可以达到 100mg/kg 以下。目前常用的无甲醛树脂整理剂主要有双 β-羟乙基砜、二甲基二羟基乙烯脲和多羧酸化合物等。

5. 树脂整理检测

通过观察树脂整理剂溶液加入催化剂以后的变化,可以简单地判定树脂整理剂溶液的稳定性。通过测量树脂整理后织物上的游离甲醛释放量,可以判定树脂整理剂的环保性和整理工艺的合理性。通过测量树脂整理后织物的硬挺程度变化,也可以有效地判定树脂整理的效果。通过测量树脂整理后织物的强力变化,可以判定树脂整理的综合效果。

（1）溶液稳定性

称取树脂整理剂 100g,用蒸馏水稀释至 1 000mL,从中移取四份体积同为 245mL 的整理剂稀释溶液,分别放在 400mL 的烧杯中待用。然后把不同的药剂分别加入四个烧杯中。具体加入的药剂名称和加入量见表 5-2。

表 5-2　树脂整理液稳定性实验

烧杯标号	树脂溶液浓度(g/L)	溶液体积(mL)	加入药品名称和药品加入量
1#	100	245	50%的氯化镁溶液 5mL 和冰醋酸 0.5mL

续表

烧杯标号	树脂溶液浓度(g/L)	溶液体积(mL)	加入药品名称和药品加入量
2#	100	245	30%的硝酸铵溶液 5mL
3#	100	245	30%的硫酸铵溶液 5mL
4#	100	245	30%的硝酸铝溶液 5mL

将上述四种溶液搅拌均匀,静止 30min 后观察溶液变混浊或者出现沉淀的状况。变混浊或出现沉淀的时间越晚,说明该溶液的稳定性越好。

(2)游离甲醛释放量

通过水萃取法可以测量纺织品上游离甲醛的释放量。具体的测试方法可以参阅 GB/T 2912.1—1998《纺织品甲醛的测定第 1 部分:游离水解的甲醛(水萃取法)》。其基本步骤包括乙酰丙酮溶液的配制、甲醛标准溶液的配制和标定、甲醛溶液标准曲线的绘制、织物上甲醛的水萃取和织物上甲醛释放量的测定五个部分。最后测得的织物上释放的甲醛含量与试样的重量大小有关,也与通过分光光度计测得的萃取液的吸光度大小有关。为了使测量的数值更加准确,须作平行试验三次。

(3)硬挺度

可用织物硬挺仪测量织物的硬挺程度。织物越硬挺,其柔软程度就越低。图 2-1 所示的测试仪器就属于这种简易的织物风格测试仪。参照织物硬挺度测试标准 FB W04003,可以对比织物硬挺性。实验方法如下:

被测试样尺寸为 2.5cm×12cm,经纬各 5 条。要求硬挺度试验仪的水平平台表面光滑并装有水平指示装置,平台前斜面与底面成 41.5°夹角。试样压板长 15cm、宽 2.5cm,可带动试样同步移动。平台一侧有标尺,可测量试样伸出长度。将试样放在平台上部,压上压板,试样一端与压板一端对齐,并与标尺的"0"刻度重合。以 3~5mm/s 的速度由压板带动试样向斜边推出,至下垂试样之顶端刚触及斜面为止,记录此时标尺的刻度,然后用试样的反面测量一次。取每一试样正、反面两次测试结果的平均值,作为该试样硬挺性的一次读数。数值越大,试样的硬挺度越大;数值越小,试样的柔软度越高。

也可用全自动的织物硬挺度测试仪来测试树脂整理的效果。试样的制作方法和实验原理与上述相同,所不同的是被测织物的移动速度更平稳,测试角度可以调节成 41.5°、43°和 45°,通过自动记录系统即可获得每次的实验结果。

通过比较树脂整理前后织物的硬挺程度,可以判断织物树脂整理的效果。为了适当改善织物手感,必要时可在树脂整理液中加入适量柔软剂。柔软剂的类型由树脂整理剂的基本性质决定,柔软剂的加入量由客户对织物的手感要求决定。实验数据表明,树脂整理时加入适量柔软剂,不仅可改善织物手感,还可提高织物强力。

(4)强力

当织物进行树脂整理加工以后,大分子结构中的无定形区被整理剂填充。在外力拉伸作用下纤维之间原来可以出现的形变被严重抑制,结果导致织物经树脂整理后被拉伸时由原来的软而韧变得硬而脆,集中表现为撕破强力下降比较明显。经过树脂整理的织物,其撕破强力的变化可以通过织物强力机或织物撕裂仪进行测量。具体方法可参照 GB/T 3917.1—1997《纺织品织物撕破性能第 1 部分:撕破强力的测定冲击摆锤法》和 GB/T 3917.3—1997《纺织品织物撕破性能第 3 部分:撕破强力的测定梯形试样撕破强力的测定》。

如果用织物强力机测试树脂整理织物的撕破强力,试样长度不能小于 200mm,扯边纱后试验宽度为 50mm,试样中间垂直于布边的开口宽度为 10mm,上下夹具之间的距离为 100mm。每次将试样完全撕破可记录一次数值。通过比较树脂整理前后织物的撕破强力变化,可以了解树脂整理对织物强力的影响。当织物强力下降过大时,可以考虑适当降低树脂整理液中整理剂的浓度。

6. 树脂整理剂应用举例

例 1:多元醇醚化 2D 树脂的应用

多元醇醚化改性 2D 树脂采用两步合成法,产品的色泽为淡黄色,含固量通常为 38%,初级体游离甲醛为 0.26%。适合于棉织物的树脂整理,游离甲醛含量可以达到 9.9×10^{-5} mg/kg 的水平。

树脂整理的工艺流程为:

$$二浸二轧 \rightarrow 预烘 \rightarrow 焙烘$$

工艺条件为:

浸轧整理液的轧余率为 60%~70%;预烘温度为 100℃,时间为 1min;焙烘温度为 160℃,时间为 3min。

整理液组成:

醚化改性 2D 70g/L,柠檬酸 0.5g/L,水合氯化镁 10g/L,柔软剂 20g/L,渗透剂 JFC 1g/L。

例 2:BTCA 的应用

BTCA 树脂整理剂即指 1,2,3,4-丁烷四羧酸,属于无甲醛树脂整理剂,适合于棉织物的 DP 整理,常用催化剂有磷酸钠、磷酸氢二钠和次氯酸钠。BTCA 溶液可长期保存,整理效果较好,可提高织物弹性,强力损伤不明显。但由于焙烘温度较高,通常在 170℃ 以上,会影响漂白织物的白度和手感。降低焙烘温度则会影响整理效果。

工艺流程:

$$二浸二轧 \rightarrow 预烘 \rightarrow 焙烘$$

工艺条件:

浸轧整理液的轧余率为 85%;预烘温度为 90℃,时间为 5min;焙烘温度为 180℃,时间为 90s。

工艺配方:

BTCA:	6.3%
次氯酸钠:	6.5%
JFC:	0.2%
柔软剂:	1%

例 3:二甘醇二缩水甘油醚

二甘醇和环氧氯丙烷在催化剂作用下发生开环加成反应,反应的产物在碱性条件下脱出氯化氢而生成二甘醇缩水甘油醚。环氧化合物用于真丝织物的抗皱整理时,环氧化合物中的环氧基团在催化剂作用下与丝素中的酚羟基、醇羟基和氨基交联后,肽链被固定。所以环氧化合物用作真丝织物的树脂整理,具有良好的抗皱效果。二甘醇和环氧氯丙烷加成反应中的催化剂为三氟化硼乙醚配合物。

整理液配方:

环氧树脂:	150g/L
异丙醇:	150g/L
催化剂:	100g/L
柔软剂:	20g/L
渗透剂:	1g/L

整理工艺:

① 干法:浸轧整理液→预烘→焙烘→皂洗→水洗→烘干→成品。

② 湿法:浸轧整理液→预烘→汽蒸→皂洗→水洗→烘干→成品。

工艺条件:

① 干法:轧余率为90%～100%;预烘温度70℃,3min;焙烘温度140℃,3min;皂洗浴比为1:30,皂粉浓度3g/L,皂洗温度50℃,10min。

② 湿法:轧余率为90%～100%;预烘温度70℃,3min;汽蒸温度105℃,30min;皂洗浴比为1:30,皂粉浓度3g/L,皂洗温度50℃,10min。

实践证明,湿热状态下真丝织物膨化充分,树脂容易渗透到纤维内部,提高了交联程度和树脂利用率。所以,湿法树脂整理工艺的防皱效果更明显。

任务2:柔软整理剂应用

基本要求:

1. 学会柔软整理剂的应用方法;

2. 知道柔软整理效果的常规鉴定方法;

3. 知道柔软剂的常规鉴定方法。

1. 前言

改善纺织品手感,提高纺织品的服用性能,是纺织品染整加工的主要目的之一。纺织产品的手感改善有多种方法,既可以通过机械方法,也可用化学整理方法。通常,化学整理方法简单、直接、效果明显,所以使用较多。在化学整理中,柔软剂起着重要作用,柔软剂的性能对纺织品柔软整理的效果具有重要影响。因此,学会纺织品的柔软整理技术,必须知道柔软剂的应用方法。了解柔软剂的基本特性、柔软剂的检验方法和判定织物柔软效果,是学会整理技术的前提。

织物的手感可以用多种词汇来描述,柔软和硬挺、滑爽和干涩、细腻和粗糙、悬垂和飘逸、纤细和粗犷、丰满和轻薄、蓬松和死板、温暖和冰冷等等,而最常用的是柔软和硬挺。但无论用哪些词汇来描述织物手感,都不能十分准确地把织物的手感表达清楚。实际上,经过柔软整理以后,大多数人都是通过手掌的揉捏来判断织物的手感。因为判断织物手感的个体之间存在差别,所以,有时不同的人在判断相同产品的手感时出现较大偏差属于正常现象。用检测设备来检验织物手感,就会相对客观和准确,进而也就比较容易地断定柔软剂的柔软效果。

涤纶织物具有相对较强的钢骨,需要彻底改善手感才能提高其服用性能。各种纱线染色后,需要进行染缸内柔软处理,以增加纱线在使用中的滑爽程度。经过树脂整理的织物,硬挺度提高较明显,也需要在树脂整理时适当添加柔软剂。因此,柔软剂在改善织物手感时,必须起到如下作用:

① 附着在纤维上,可以提高合成纤维之间的平滑性,以此来改善织物手感。如涤纶织物经过柔软整理后,可以获得滑爽、蓬松的手感。

② 附着在纤维上,补充天然纤维在练漂中失去的天然油脂,以此来改善织物的手感。如棉织物在服用时,干爽有余而滑爽不足,可以通过柔软整理进一步改善织物手感。此外,涤棉织物和涤粘织物也可通过柔软整理来改善手感。

③ 附着在纤维上,可以改善织物的某些性能。如吸湿性柔软剂,不仅可以改善涤纶织物的手感,还可以增加织物的导电性,明显降低涤纶织物的吸尘现象。也可通过柔软整理,降低服装缝纫加工时的摩擦系数,提高缝纫效率。还可以通过柔软处理,提高拉毛、磨毛产品的正品率。

柔软剂主要通过降低纤维、纱线之间的摩擦系数,来改变纱线之间的相对移动状态,使得织物表现出良好的手感。一般来说,能够降低纤维之间动摩擦系数和静摩擦系数的物质,都具有柔软作用。相对而言,降低纤维的静摩擦系数对于织物的柔软整理更重要。因此,柔软剂只有满足下列要求,才可能赋予织物柔软的手感:

① 在各种工艺条件下,柔软剂整理液必须稳定。

② 不降低纱线或织物的白度。

③ 不降低纱线或织物的染色牢度。

④ 柔软整理后纱线或织物不易受热变色。

⑤ 柔软整理后纺织产品储存时不变色、发霉,手感不发生变化。

⑥ 柔软剂在储存时稳定性好,储存期内不分层、不破乳。

⑦ 在赋予织物柔软性的同时,还可以根据要求赋予织物其他特性。

⑧ 柔软整理后的织物在服用中不会对服用者的身体健康产生影响。

由于纺织产品的规格很多,织物的基本性能区别很大,所以在进行柔软整理时,很难找到一种柔软剂来满足人们对纺织品整理的大部分要求。比如说,对全涤深色机织物进行柔软整理时,要求既可以赋予织物良好的手感、明显的导电性,还要求织物的变色不超过 $4 \sim 5$ 级。选择这样的柔软剂必须对产品的加工工艺和柔软剂的基本性能有较深刻的了解。首先,必须选择亲水性柔软剂,才可能在赋予织物较好柔软性的同时提高产品的导电性能,其次必须选择非阳子类型的柔软剂才可以降低分散染料在热定形时的迁移性,以保持较低的变色。然而,非阳离子类型的柔软剂对于涤纶织物而言,不可能明显地赋予织物优良的滑爽性。因此,在选择柔软剂满足上述要求的时候必须考虑柔软剂的复配问题。通过柔软剂的复配,更好地满足市场要求,是柔软整理时经常使用的有效方法。

2. 柔软剂分类

柔软剂是染整助剂中品种最多、用量最大的一类整理剂。如果按其分子结构的类型来分类,主要可以分成长链脂肪烃类和高分子聚合物两大类型。也有人把柔软剂分为表面活性剂和高分子聚合物两种类型,与上述分类方法基本类似。

长链脂肪烃类的柔软剂根据其离子性可分为阴离子型、阳离子型、非离子型和两性离子型。此类柔软剂分子结构中的碳氢长链可呈无规则卷曲,吸附在纤维表面而起到润滑作用,降低了纤维之间的动摩擦系数和静摩擦系数。所以,这一类柔软剂都具有较好的柔软作用,不仅品种多,而且用量大。纤维素纤维制品及其混纺产品柔软整理时,用长链脂肪烃类柔软剂可以得到良好的手感。

高分子聚合物类柔软剂主要包括聚乙烯类和有机硅类两种。聚乙烯类柔软剂品种单一,用量较少。以聚硅氧烷为主要结构的有机硅类柔软剂品种较多,用量也比较大。其主链为螺旋状,可呈360°自由旋转,且旋转所需的能量几乎为零。所以聚硅氧烷不仅能降低纤维之间的动、静摩擦系数,且由于其分子间作用力极小,可降低纤维表面张力,是纺织品柔软整理的理想助剂。近年来,氨基改性有机硅柔软剂得到了快速发展,被广泛应用于各类纺织品的柔软整理。

目前在应用过程中,通常仍然按照柔软剂的离子类型对柔软剂进行分类。同时,由于有机硅类柔软剂发展较快且性能比较独特,所以,通常把有机硅类柔软剂单独分类。这些不同类型的柔软剂在使用中符合不同的工艺要求。

(1)阴离子型

此类柔软剂具有良好的润湿性和热稳定性,能与荧光增白剂同浴使用,可作为特白织物的柔软剂。比较适合纤维素纤维制品的柔软整理,可赋予织物较好的吸水性。但是,此类柔软剂与纤维结合的方式类似于直接染料与纤维素纤维结合的方式,结合的紧密程度不够,使得柔软效果较差,容易被洗除。

由于此类柔软剂具有浴中柔软作用,因此可用于丝绸精练和天丝织物的原纤化,以防止丝织物的灰伤和天丝织物的擦伤。

此类柔软剂的主要成分为琥珀酸十八醇酯磺酸钠、十八醇硫酸酯等长链烷烃的阴离子化合物或者阴离子/非离子化合物。

(2)非离子型

此类柔软剂对纤维的吸附性差,仅可对纤维起平滑作用。因此,非离子型柔软剂可与阴离子型和阳离子型柔软剂合用后复配成新型柔软剂,可明显提升柔软作用。非离子型柔软剂本身对其他助剂具有良好的相容性,对电解质也具有良好的稳定性,不会使织物变黄,可作为非耐久性柔软整理剂,也可作为合成纤维纺丝油剂的重要组成部分。非离子型柔软剂还可以使化纤仿真丝产品产生"丝鸣",以提高化纤仿真整理产品的档次。

(3)阳离子型

此类柔软剂品种较多,是目前使用最普遍的。由于大多数纤维在水中表面带有负电荷,所以整理液中的阳离子柔软剂更容易吸附在纤维表面,增加了阳离子柔软剂与纤维紧密结合的程度,进而增加了阳离子柔软剂耐高温、耐洗涤的特性,也提高了织物的柔软整理效果,改善了织物的耐磨性,提高了织物的撕破强力,还可以改善某些合成纤维制品的抗静电性。正是由于阳离子柔软剂有上述特点,所以,此类柔软剂被广泛地应用于棉织物、锦纶织物、腈纶织物和真丝织物的柔软整理。有些阳离子型柔软剂在高温下容易泛黄和色变,因此,需要在浅色和漂白织物加工中引起特别的注意。

阳离子类柔软剂一般由十八胺或二甲基十八胺的衍生物、硬脂酸与多乙烯多胺缩合物组成。根据结构可分为叔胺类、季铵盐类、咪唑啉季铵盐和双烷基二甲基季铵盐类柔软剂。

(4)两性离子型

此类柔软剂是为了改进阳离子型柔软剂的一些明显弱点而迅速发展的一类柔软剂。此类柔软剂对合成纤维具有较强的亲和力,可以避免阳离子柔软剂引起织物泛黄和颜色变化等弱点,也可用于丝织物的复练,进一步改善丝绸的的手感。两性柔软剂还可与阳离子型柔软剂合用,以放大柔软整理剂的协同效应。此类柔软剂通常为烷基内酯型结构。

(5)低分子聚乙烯乳液

此类柔软剂是低分子聚乙烯氧化处理后的乳液,对纤维的亲和力较好,可与树脂同浴使用,能赋予织物平滑的手感,也可提高树脂整理产品的撕破强力和耐磨性能。目前,此类柔软剂不单独使用,可作为各类柔软剂的复配组分,也可作为有机硅柔软剂中羟基乳液的稳定剂。

(6)有机硅型

有机硅柔软剂是柔软剂家族中的新宠,由于可赋予织物良好的柔软性和平滑性,近年来被广泛使用。有机硅柔软剂大多为聚硅氧烷及其衍生物经聚合、乳化和复配而成,产品多为乳液和微乳液,因制作工艺不同而性能差异较大。就目前的产品特点而言,可以分成以下四类产品:

第一类:二甲基硅油乳液

此类柔软剂是有机硅柔软剂中应用最早的产品,可赋予织物滑爽的手感,提高织物的耐磨性和可缝性。由于分子链上没有反应性基团,无法与纤维发生反应,只能依靠分子间作用力附着在纤维表面,因此耐洗性较差。

第二类:羟基硅油乳液

由于此类柔软剂的分子链末端带有羟基,所以在交联剂、催化剂作用下可与纤维上的反应性基团发生交联或自交联,于纤维表面形成高分子薄膜。薄膜不仅赋予织物较好的弹性,还使织物具有明显的耐洗性。由于乳化剂类型可决定羟基硅油乳液的离子类型,所以,可根据织物加工要求选择羟基乳液的离子类型。但此类柔软剂在使用中易漂油、破乳、粘辊,因此降低了生产效率。

第三类:聚醚型亲水有机硅

此类柔软剂属非离子型,外观为无色透明的粘稠液体,可与各种助剂混用,能赋予织物良好的吸湿透气性和抗静电性。与树脂合用时,可降低织物的游离甲醛释放量,降低树脂的吸氯性。用于涂料印花和涂料染色时,可改善产品手感,降低粘合剂沾辊筒的几率。

第四类:氨基改性有机硅

在聚硅氧烷分子链上引入氨基,可明显增加柔软剂对各种纤维的吸附作用和反应性。使用此类柔软剂,织物手感柔软、丰满、平滑、细腻,回弹性优良。但是氨基的引进,增加了浅色织物和漂白织物的泛黄性。这一点必须在使用中引起足够的重视。柔软剂大分子链段上氨基的数量越多,定形后织物的白度越差。

3. 柔软整理效果测试

通过测试经柔软整理的织物性能,既可以判断柔软整理效果,也可直接判定所用柔软剂的基本性能。通常检验的主要内容包括：柔软效果、柔软剂的稳定性、泛黄性、色变稳定性、对染色牢度的影响、对设备的黏附性等方面。

（1）柔软性的检测

柔软剂对织物手感的影响包括三个方面，一是柔软性，二是滑爽性，三是回弹性。织物硬挺度越明显，柔软性就越差。参照标准 FB W04003 来测试织物硬挺程度，可比对织物的柔软性。实验方法如下：

剪取全棉平纹试样，尺寸为 2.5cm×12cm，经纬各 5 条。要求硬挺度试验仪的水平平台表面光滑并装有水平指示装置（水平泡），平台前斜面与底面成 41.5°夹角。试样压板长 15cm、宽 2.5cm，可带动试样同步移动。平台一侧的标尺可测量试样伸出长度。测试仪器示意图同图 2-1。将试样放在平台上部，压上压板，试样一端与压板一端对齐，并与标尺的"0"刻度重合。以 3～5mm/s 的速度由压板带动试样向斜边推出，至下垂试样之顶端刚触及斜面为止，记录此时标尺的刻度，然后用试样的反面测量一次。取每一试样正、反面两次测试结果的平均值，作为该试样柔软性的一次读数。

数值越大，试样的硬挺度越大；数值越小，试样的柔软性越大。表 5-3 给出了 32° 全棉府绸（经密 450 根/10cm，纬密 240 根/10cm）半漂织物经不同柔软剂整理后的柔软性。也可采用自动测试仪器，以准确控制压板运行速度。

表 5-3　不同柔软剂整理后织物的柔软性

序号	柔软剂名称	柔软剂工艺配方	经向柔软度	纬向柔软度
1	Belsoft200 脂肪酰胺	10g/L	39.1mm	35.6mm
2	SF3100 普通氨基硅油	10g/L	37.3mm	33.4mm
3	SF9081 亲水性氨基硅油	10g/L	45.1mm	40.3mm

（2）滑爽性

经过浸轧和焙烘，柔软剂在织物表面结膜。通过测量织物表面的静摩擦系数，可以定性比对柔软剂滑爽性，实验装置见图 2-1。剪取全棉平纹试样为 2.5cm×15cm，经纬各 10 条。将被测织物平贴于平台表面和压板底面，使被测织物相对。固定实验仪器的斜面端，让压板刻度归"0"。以 3～5mm/s 的速度慢慢抬起装置的直角后端，至压板开始滑动时，测量斜面端与水平桌面的夹角 θ，取每个试样 5 次测试结果的平均值为该试样的一次读数。

织物的静摩擦系数 $\mu = tg\theta$

压板的滑动速度对静摩擦系数没有影响。表 5-4 列出了不同柔软剂整理后织物的静摩擦系数。静摩擦系数的数值越大，试样的滑爽程度越低。为了便捷地比较不同柔软剂的滑爽性，可以直接对比压板开始滑动的角度。角度越小，滑爽性越明显；角度越大，滑爽性越差。普通有机硅柔软剂相对滑爽。

表 5-4　不同柔软剂整理后织物的静摩擦系数

序号	柔软剂名称	柔软剂工艺配方	经向静摩擦系数	纬向静摩擦系数
1	Belsoft200 脂肪酰胺	10g/L	1.455	1.418
2	SF3100 普通氨基硅油	10g/L	1.407	1.244
3	SF9081 亲水性氨基硅油	10g/L	1.760	1.494

（3）回弹性

柔软剂的回弹性可以通过用手揉捏的方法去判定。相同的织物，经不同柔软剂整理，其最终手感会有所不同。经不同整理剂整理的相同织物，不同的人用手去判定其手感，软硬程度、滑爽程度、回弹性等综合结论，大部分情况下是一致的。用回复角的大小来判定织物经柔软整理后的综合效果，特别是全涤纶类织物，往往有较大误差。

（4）泛黄性

漂白织物在纺织品中占有一定比例。随着时间的推移，经柔软整理的漂白织物的白度明显降低是织物泛黄性的表现。表 5-5 列出了三种柔软剂对漂白织物白度影响的数据。表中数据表明，亲水性柔软剂的泛黄性较明显。测试中，白度仪型号为 WSB-Ⅱ型，柔软剂浓度为 10g/L，织物规格为 32^s 全棉府绸（经密 450 根/10cm，纬密 240 根/10cm）。

表 5-5　不同柔软剂整理后织物的泛黄性

整理剂	整理后的白度			10 天后的白度			20 天后的白度		
	全棉	涤棉	全涤	全棉	涤棉	全涤	全棉	涤棉	全涤
空白	85.4	70.9	80.3	85.4	70.8	80.1	85.7	70.6	79.7
Belsoft200	85.0	70.2	79.8	85.0	69.6	78.5	83.8	69.3	75.5
SF3100	85.2	70.9	80.2	84.4	68.2	77.2	83.7	69.3	75.4
SF9081	84.3	70.3	80.1	83.8	67.6	73.9	83.4	69.1	71.2

（5）稳定性

将三种柔软剂 10% 的水溶液在实验室静止存放 20 天，未见分层现象；用高速离心分离器连续旋转 2h 也未见分层。在三种柔软剂 10% 的水溶液中加入少许无机盐（元明粉或食盐），搅拌均匀后静止存放 3 天，未见分层。将三种柔软剂 10% 水溶液的 pH 值分别调到 6 和 9，静止存放 10 天，未见溶液分层。用 50℃ 的热水稀释三种柔软剂后静止存放 2h，未见分层。通过上述试验说明，三种柔软剂的稳定性较好。

（6）色变稳定性

用升华牢度仪于 185℃ 下经 30s 压烫，观察试样的颜色变化。对于漂白织物，可通过白度仪测试、目测、电子测色系统来判断其白度变化。目测白度变化时，可用沾色灰卡评定等级。这样测试漂白织物在高温定形前后的白度变化，可以充分判定柔软剂的黄变性。对于其他颜色的各种织物，可通过观察贴衬的沾色情况来判断柔软整理对织物颜色变化的影响。柔软整理前后贴衬的沾色程度越接近，柔软整理对颜色变化的影响越小。色变程度可用沾色灰卡评定等级，也可用电子测色系统测量染色织物在整理前与整理后经压烫处理后的表面深度值的变化，来判定柔软整理对织物颜色变化的影响程度。

深色涤纶织物经阳离子型柔软剂整理后，摩擦牢度有时会明显下降。这不仅与分散染料的耐升华牢度有关，还与分散染料中添加的阴离子分散剂有关。涤纶织物在定形时受到高温作用以后，阴离子型扩散剂与分散染料一起从纤维内部向纤维外部扩散。阳离子柔软剂在纤维表面的结膜过程中，加速了阴离子扩散剂从纤维内部向纤维表面的迁移。阴离子型扩散剂协同分散染料在受热后向纤维表面迁移的过程，通常被称为分散染料的热迁移。阳离子型柔软剂薄膜会成为接纳迁移至表层的阴离子型扩散剂和分散染料的最好场所。因此,染色后摩擦牢度、水洗牢度和日晒牢度等各项染色牢度本来合格的深色涤纶织物,经阳离子型柔软剂整理后,其各项染色牢度很有可能会变成无法满足客户要求。因此,应避免使用阳离子型柔软剂对分散染料染色的深色涤纶织物进行柔软整理。

(7)黏附性

柔软剂对染整设备的黏附性可通过生产中的细心观察加以判定,观察的重点区域在柔软整理加工工序。目前,柔软加工多通过轧车浸轧柔软剂后经连接烘干完成。主要的加工设备为浸轧系统和热风烘燥系统。柔软剂对整理设备的黏附性经常会在深色和浅色织物的交替加工中出现。柔软整理设备加工深色织物以后,织物表面的浮色会逐渐积累在柔软整理液的浸轧槽内。如果在操作中不能及时更换被浮色污染的整理液,那么这些浮色会随着运行的织物逐渐沾污柔软整理设备上的各种导辊。当使用导辊式热风烘燥设备连接浸轧系统对织物进行柔软整理时,这种深色织物之后连接浅色织物的加工方式,很有可能会造成被污染的导辊二次沾污浅色织物,产生被称为"柔软迹"的疵点。如经常出现这种疵点,就说明目前使用的柔软剂对柔软设备具有比较明显的黏附性。

用较长的引布清理被污染的导辊可以降低出现"柔软迹"的机会。深色织物柔软整理结束后,较长的引布可以通过摩擦去除导辊上的污迹。把引布用清水浸湿,可以提高清除导辊污迹的效果。在盛装柔软整理液的水槽中注入清水,通过轧车浸轧引布,就可把引布完全浸湿。减少使用浸轧设备和热风烘燥设备对织物进行柔软整理,而改用定形机进行纺织品的柔软整理,也可以降低"柔软迹"产生的机会。正确选用柔软剂的类型,也可以明显降低柔软迹疵点出现的机会。在使用各种柔软剂之前,仔细检查柔软剂的状态,发现漂油、破乳、分层、沉淀、浑浊的柔软剂原液,需要及时更换,也可以进一步降低柔软迹疵点出现的机会。

4. 柔软剂应用举例

例1:柔软剂 M-30

滑爽性非常好的低黄变氨基改性有机硅柔软剂。

① 基本特性

● 可赋予织物光亮的色泽和滑爽丰满的手感。

● 可赋予织物优良的回弹性、平滑性和悬垂性。

● 对织物产生极低的黄变。

● 适用于各类纤维及其混纺织物。

② 基本性质

● 化学组成:氨基改性有机硅乳液。

● 离子性:阴离子型。

● 外观:泛蓝色乳液。

● 水溶性:易溶于水。

● 相容性:可与非离子、阴离子助剂同浴。

● pH 值:5~8。

● 储存:出厂后常温下可密闭储存 6 个月。

③ 应用资料

本品适用于浸轧工艺和浸渍工艺。

● 浸轧

M-30：	10～50g/L
pH 值：	5～6
温度：	室温
轧液率：	65%～75%

● 浸渍

M-30：	1%～4%(o. m. f.)
pH 值：	5～6
温度：	30～40℃
时间：	15～30min

例 2：平滑剂 M-506

聚乙烯蜡类特殊后整理剂。

① 基本特性

● 能赋予棉、涤棉及其合成纤维织物有益的缝纫性能。

● 可改善棉织物树脂整理时的强力下降和耐磨性能。

● 可改善织物树脂整理的手感。

● 不影响荧光增白剂的白度。

● 与固色剂、柔软剂、树脂整理剂和催化剂等助剂的相容性良好。

② 基本性质

● 化学组成：聚乙烯蜡乳液。

● 离子性：非离子。

● 外观：乳白色液体。

● 水溶性：易乳化分散于水中。

● 储存：出厂后常温下可密闭储存 12 个月。

③ 应用资料

浸轧：10～30g/L。

浸渍：3%～6%(o. m. f.)，处理温度为 40～50℃。

例 3：柔软剂 M-5201

稳定性高、极低泛黄的可缸用柔软剂。

① 基本特性

● 耐高温，可用于筒子纱的染后柔软加工。

● 极低泛黄性，尤其适用于增白/浅色织物及特白织物的柔软整理。

● 不增加分散染料的热迁移性。

● 不影响染料的皂洗牢度和摩擦牢度。

● 可提高合成纤维的抗静电性和亲水效果。

● 可与含氟防污整理剂及亲水易去污整理剂同浴。

● 柔软整理后聚酯纤维具有再染性。

② 一般性质

- 化学组成:改性有机硅乳液。
- 离子性:弱阳/非离子型。
- 外观:乳白色液体。
- 水溶性:可与非离子、阳离子助剂同浴。
- pH 值:5～7。
- 储存:出厂后常温下可密闭容储存 6 个月。

③ 应用资料

- 浸轧

M-5201:	10～60g/L
pH 值:	5～6
温度:	20～60℃
轧液率:	65%～75%

- 浸渍

M-5201:	1%～4%(o. m. f.)
pH 值:	5～6
温度:	40～70℃
时间:	15～20min

本柔软剂的化学结构独特,其定向吸附机理要求柔软整理后织物放置 12h 后,柔软效果更明显。

例 4:亲水性有机硅柔软剂 M-5401

极低泛黄性并具有优良手感的亲水性柔软剂。

① 特殊性质

- 良好的亲水性能。
- 具有氨基硅柔软剂柔软、平滑、干爽的手感,手感蓬松性优于氨基硅油。
- 黄变和色变极低,适合于特白、敏感色的后处理。
- 高稳定性,可用于喷射溢流染缸内的柔软处理。
- 具有再染性,一般不需要剥除柔软剂即可再染色。
- 具有良好的抗静电效果。

② 一般性质

- 化学组成:改性氨基有机硅柔软剂。
- 离子性:阳离子。
- 外观:无色透明或半透明液体。
- 水溶性:易溶于水。
- 相容性:可与非离子、阳离子助剂同浴。
- pH 值:4～6。
- 储存:出厂后常温下可密闭储存 6 个月。

③ 应用资料

- 浸轧

M-5401： 　　20~70g/L

温度： 　　室温

轧液率： 　　65%~75%

● 浸渍

　　M-5401： 　　2%~5%(o.m.f.)

　　温度： 　　30~45℃

　　时间： 　　20~30min

5. 柔软剂应用实验

根据本任务的有关内容,独立设计实验方案,判断不同柔软剂的基本性能。相关资料可参阅附录中实验 7 的内容。

任务 3:防水防油整理剂应用

基本要求:

1. 学会防水整理剂的应用方法;

2. 知道"三防"整理剂的基本作用;

3. 知道防水整理效果检测的基本方法。

1. 前言

织物的防水整理主要分为两种。一种是在织物表面涂上一层不溶于水、不透水的连续薄膜,阻止水的浸透。这种整理通常被称为涂层整理,所用的整理剂也被称为涂层整理剂。另外一种就是在织物表面或内部固着疏水性物质,使织物的疏水性明显增加而不易被水润湿。由于疏水性物质没有在织物表面形成连续的薄膜,因此这种方法整理的产品的防水性不如涂层整理产品,透气性则好于涂层整理产品。为了区别于涂层整理,习惯上通常将这类整理称为拒水整理,所用的整理剂也被称为拒水整理剂。当被整理织物的表面张力下降到一定程度以后,油类物质也不能润湿织物表面,此时,织物不仅具有明显的拒水性,还具有明显的抗油性,这样的整理也被称为织物的防水防油整理。

早期的涂层整理以加工防雨材料篷布和遮阳材料为主,其产品因透气性差而很少被用于服装面料,而是更多地被用来加工雨衣、帐篷等。随着防水透湿材料的不断发展,纺织品防水透湿加工技术逐渐成为染整加工技术的新热点,产品也被广泛地应用在军装和各种作业服、防护服上。而通过防水整理剂整理的各种纺织品,由于其手感柔软、穿着轻便舒适、无异味,发展较快,应用也越来越广。其产品不仅可用来加工外衣,还可用来加工运动服。

防水整理织物根据用途不同,对防水整理的性能要求也有所不同。以防护服外衣为例,要求织物表面不易被水润湿,雨水若滴在织物表面会立刻成为水珠而从织物表面滚落。织物的这种拒水性可以通过喷淋实验测得。而帆布帐篷、防雨棚布、遮阳棚布等厚重织物,只要具有较好的防雨性就可以满足要求。织物的这种防雨性可以通过耐水压实验测得。虽然织物的防水拒水性能与纤维原料的特性、织物组织结构、织物经纬密度等密不可分。但是,选择合适的整理剂对织物进行防水拒水整理,才是赋予织物防水整理特性的关键。

若使水或油不能润湿织物表面,那么织物的润湿临界表面张力必须小于水或油的表面张力,也就是说水或油与织物的润湿角 θ 大于 $90°$。常见的固体表面润湿临界张力 γ_C 和液体的表面张力 γ_L 见表 5-6。

表 5-6　常见固体表面的 γ_C 和液体的 γ_L

固　体	γ_C(mN/m)	液体	γ_L(mN/m)
纤维素纤维	200	水	72.8
尼　龙	46	雨水	53
羊　毛	45	葡萄酒	45
涤　纶	40	牛奶	43
丙　纶	29	花生油	42
石　蜡	26	石油	33
有机硅	24	橄榄油	32
脂肪酸	22	重油	29
四氟乙烯	18	氯仿	27
氟树脂	12	汽油	22
氟化脂肪酸单分子层	6	正庚烷	20

当纤维的 γ_C 小于水的 γ_L(72.8mN/m)时,织物就有拒水能力;当纤维的 γ_C 小于油的 γ_L 时,织物就有拒油能力。通过在织物表面和内部固着类似于石蜡、聚硅酮、含氟聚合物等物质,就可以明显降低织物的润湿临界表面张力,从而达到拒水拒油的整理效果。表 5-6 中的数据表明,汽油的表面张力为 22mN/m,只有含氟聚合物才具有良好的拒水拒油效果,是性能优异的防水防油整理剂。因此在选用防水防油整理剂时,含氟系列的整理剂是唯一的选择。

优良的透气性防水剂应具备以下基本特性:

① 具有良好的拒水性。

② 不影响或能改善织物手感。

③ 不会明显增加织物的面密度。

④ 不会影响织物的色泽。

⑤ 不会降低织物的透气量。

⑥ 具有良好的耐折叠性能和耐摩擦性能。

⑦ 与其他整理剂具有良好的相容性。

⑧ 耐水洗和干洗。

⑨ 无毒、无异味。

⑩ 价格便宜,原料易得。

含氟系列的防水整理剂除了具有防油效果以外,还具有较好的防污效果。众所周知,合成纤维中的涤纶是一种具有明显亲油性能的化学纤维。在加工涤纶产品时,织物表面经常会带有明显的静电。涤纶织物在服用过程中也会因为带电性明显而吸引灰尘。使用含氟系列的整理剂不仅可以赋予涤纶及其混纺织物优良的防水性能和防油性能,还可以赋予织物良好的防污性能。通常,赋予织物防水、防油和防污性能的整理被称为"三防整理"。纯涤纶织物、阳离子染料可染的改性涤纶织物、涤棉混纺织物和涤粘混纺织物都属于含涤织物。为了不断改善涤纶及其混纺织物的基本性能,以三防整理为主的多功能整理技术正在迅速发展。

2. 防水剂分类

我国目前经常使用的防水剂主要有以下几种类型:用石蜡硬脂酸配成的石蜡-铝皂乳液、脂肪酰胺类、羟甲基三聚氰胺的衍生物、有机硅系列和有机氟系列。使用时,可根据客户要求选择不同类型的防水整理剂,也可将上述防水整理剂配合使用。

(1)石蜡-铝皂类

此类防水剂使用较早,价格低廉,应用简便,耐洗性较差,手感一般,可用来对织物进行简易的防水整理,适用范围较广。

(2)脂肪酰胺类

此类防水剂含有羟甲基酰胺和甲基氯化吡啶,可与纤维交联,具有一定的耐洗性,易引起织物的色变,主要适用于纤维素纤维。

(3)三聚氰胺树脂类

此类树脂中的活化基团在高温或催化条件下可与纤维素纤维中的羟基交联,其本身也可产生自交联,防水性能耐久,耐洗性和柔软性也较好。

(4)有机硅系列

此类防水剂的主要成分为含氢硅油,高温时经催化可自身交联,也可与纤维素纤维中的羟基交联,在织物表面形成拒水效果优良的薄膜,适用范围较广,但价格偏高。

(5)含氟系列

此类防水剂不仅可赋予所有纤维优良的防水性能,还可以赋予织物良好的防油性能,其主要缺点是价格偏高。

3. 防水防油整理效果检测

(1)防水整理效果检测

织物的防水整理效果通常可以通过淋水实验、静水压实验进行检测。其中淋水实验中的标准法可参照 GB/T 5554-1997《表面活性剂纺织助剂防水剂防水力测定法标准法》标准执行。该标准对淋水实验装置中的喷头孔数和孔径、水温、水量、喷淋时间等都做出了准确的描述,提出了严格的实验要求。在具体的淋水效果评述方法中,GB/T 4745-1997《纺织织物表面抗湿性测定》给出了有别于 GB/T 5554-1997 标准的描述。淋水实验中的喷淋法是判定拒水整理效果诸多方法中最简单最适用的方法之一。该方法所用的实验装置同标准法,通过测定织物在不同条件下含水量的变化来判定防水整理效果。静水压实验也是较常用的方法之一。具体的实验过程可参照 GB/T 5553-1997《表面活性剂纺织助剂防水剂防水力测定法静水压法》。此外,也可参考 3M 公司提供的拒水等级实验方法、水珠滚动角度测试、温度对拒水效果的影响以及织物在水中浸渍一定时间后重量的增加量等多种方法来判定纺织品拒水整理的效果,比较不同拒水整理剂的基本性能。

(2)防油整理效果检测

检验织物的防油整理效果实际上就是检验含氟系列防水防油整理剂的基本性能,通常

可通过清洗油滴实验来完成。具体的操作方法如下:

① 使用油剂:白矿物油和脏机油。

② 试验方法:将经过防油整理的 20cm×20cm 的试样平铺在滤纸上,各滴 5 滴白矿物油和脏机油,然后用塑料薄膜把油滴盖好,上置 2kg 砝码;60s 后移开重物,并用滤纸吸去多余油滴,放置 15min 后,在洗衣机中洗涤。洗涤的具体条件为:水温 50℃,洗涤时间 15min,洗涤物总重量 1kg,注水量 35L,洗涤剂加入量 35g。上述工艺条件完成后用清水漂洗一次并将试样干燥。

③ 结果评定:

1 级——残留污渍很多;2 级——残留污渍较多;3 级——残留污渍较少;4 级——残留污渍不明显;5 级——看不见残留污渍。

(3)有机氟整理剂整理效果检测

自含氟系列的整理剂问世以后,纺织品的防水防油整理发展迅速。关于纺织品防水防油效果的检测,美国 3M 公司给出了一套具有广泛影响的参考方法。采用该方法检测织物的防水效果,需要首先配制一套标准液。把水和异丙醇按不同比例混合,纯水的防水效果为零级,纯异丙醇溶液的防水效果为 10 级。测试时将试样平铺在光滑的平面上,用滴管小心地在试样表面隔一定距离滴两滴最低等级的试液,若液滴在满 10s 时不能润湿试样,则选用高一等级的试液滴定,直至试液润湿试样为止。具体的防水等级确定见表 5-7。

表 5-7　3M-Ⅱ-1988 防水测试标准液体系

级　数	0	1	2	3	4	5	6	7	8	9	10
拼混比	纯水	9:1	8:2	7:3	6:4	5:5	4:6	3:7	2:8	1:9	0:10

按照 3M 公司推荐的防油效果等级测试方法,在测试织物防油效果时也需自行配制混合试液。防油效果测试的混合试液由白矿物油和正庚烷按不同比例拼混而成。测试时,将试样平放在光滑的平面上,用滴管在试样表面隔一定距离滴两小滴最低等级的测试标准液,液滴的直径大约为 5mm。若试液在 3min 内仍无法润湿试样,则继续用更高等级的标准试液滴定试样,直至试样被润湿为止。具体的防油等级评分标准见表 5-8。

表 5-8　3M 公司的防油测试标准试液配制及评分标准

评　分	0	50	70	80	90	100	110	120	130	140	150
拼混比	10:0	9:1	8:2	7:3	6:4	5:5	4:6	3:7	2:8	1:9	0:10

如前所述,含氟系列整理剂除了具有防水防油效果以外,还具有防污功能。整理剂防污性能的测试可参照 AATCC—130—2000《去污油渍清除法》标准,也可参照 FZ/T 10012—1998 行业标准。可采用玉米调和油为测试用油,用全自动洗衣机洗涤,水洗温度为 40℃,洗涤时间合计为 20min,洗衣粉用量为 2g/L。防污等级分为 5 级,1 级最差,5 级最好。

4.防水防油整理剂应用举例

例 1:耐久性防水整理剂 Velan NW

耐久性防水整理剂 Velan NW 主要用作棉织物的防水整理。

① 主要特性

- 对硬水稳定性较好。
- 对织物强力损伤小。
- 无异味。
- 可赋予织物防皱性能。

② 基本性质

- 基本组成:脂肪酸复配物。
- 离子类型:阴离子。
- 外观:白色或乳白色浆状液体。
- 水溶性:易溶于水。
- 稳定性:对热不稳定,避免接触酸性盐。
- 储存:储存于冷库之中。

③ 应用资料

- 工艺流程:浸轧→烘干→焙烘。
- 工艺条件:浸轧温度为室温,轧液率为70%;烘干温度为100℃,时间为50s;焙烘温度为140℃,时间为30s。
- 工艺配方:

Velan NW:	60g/L
磷酸二氢铵:	3g/L

例2:防水剂 Cerol WB

适用于多种织物的防水整理。

① 主要特性

- 优良的手感。
- 良好的透气性。
- 具有抗皱功能。
- 良好的耐水洗性。
- 良好的耐磨性。

② 基本性质

- 基本组成:醋酸盐复配物。
- 外观状态:黄棕色颗粒物,其分散液为乳白色液体,呈弱酸性。
- 离子性:阳离子。
- 水溶性:易溶于水。
- 稳定性:对热不稳定。
- 储存:须在阴凉干燥处储存。

③ 应用资料

- 整理液配制:冷水调浆,15min 后用70℃热水冲淡,保温至浆液均匀分散;也可先用酒精调浆,再用热水冲淡。
- 工艺流程:浸轧→烘干→焙烘→洗涤→烘干。
- 工艺条件:浸轧温度为40℃,轧液率为70%;烘干温度100℃,烘干时间为90s;焙烘温度为 140℃,时间为 5min;洗涤温度 50℃,洗涤时加入 2g/L 的纯碱;洗涤后再次烘干,烘干为止。

- 工艺配方:

Cerol WB: 20~40g/L

醋酸钠: 5~10g/L

例 3:有机氟防水防油整理剂 BF-2000

适用于多种纺织品防水防油加工的整理剂。

① 基本特性

- 适用于纤维素纤维制品、涤纶、腈纶及其混纺织物的防水防油整理。
- 不影响织物的风格和透气性。
- 可赋予织物良好的耐洗性。
- 可与柔软剂、抗静电剂同浴使用。
- 具有良好的稳定性。

② 一般性质

- 主要成分:含氟化合物。
- 外观:微带黄光的白色乳液。
- 离子性:非离子/阳离子型。
- pH 值:5~6。
- 密度:1.03~1.04g/cm³。
- 水溶性:可以任意比例与冷水混合。
- 储存:环境温度在 5~40℃之间存放 6 个月不会发生明显破乳现象。如遇沉淀,摇匀后可继续使用。存放时必须密封,严禁明火与日晒,避免溶液蒸发或异物浸入。

③ 应用资料

- 加工方法:适用于喷涂、涂刷和浸轧加工。
- 工艺流程:浸轧(喷涂或涂刷)→烘干→焙烘。
- 工艺条件:浸轧方式为一浸一轧,轧液率为 75%;烘干温度 100℃,烘干时间为 3min;焙烘温度为 140℃,焙烘时间为 5min。
- 工艺配方:

BF-2000:20~60g/L

加入量越高,防水防油的耐洗性越好。

④ 检测标准

- 防水性:采用 AATCC—22—2001 标准检测,织物的防水性能通常可以达到 90 分以上;采用 GB/T 4745—1997 标准检测,织物的防水性能通常可达 4~5 级水平。
- 防油性:采用 AATCC—118—1983 标准检测,产品的防油效果可达 5 级以上。
- 防污性:采用 AATCC—130—2000 标准检测,产品的防污效果可以达到 4 级。

任务 4:阻燃整理剂应用

基本要求:
 1.学会纺织品阻燃整理剂的应用方法;
 2.知道阻燃整理效果的一般判定方法。

1.概述

纺织品的阻燃整理是比较常见的功能整理,整理的目的主要是提高产品的耐燃性能,降低其燃烧速度,保护人们的生命财产安全。大量的数据表明,纺织品燃烧是引起火灾的主要原因之一,通常有 60%以上的火灾是由纺织品燃烧引起的。同时,在火灾中失去生命的人,主要原因是在火灾发生的初期没能及时离开火灾现场。在最初的几十秒钟之内如果能迅速撤离或逃离火灾现场,老百姓的生命就会得以保全。延迟纺织品最初的燃烧速度,不仅可以挽救生命,还可为扑救初起火灾赢得宝贵时间。因此,加强纺织品阻燃整理研究,加强阻燃整理剂的应用研究,意义特别重大。

无论是纺织品还是其他可燃物,燃烧的基本条件主要有以下几个方面。第一是必须具备一定的温度。当环境温度超过可燃物的燃烧点以后,可燃物就会燃烧。其次,可燃物在燃烧过程中需要大量的助燃气体。空气中的氧气是可燃物体必不可少的助燃气体。再次,可燃物在燃烧过程中会产生低分子化合物,这些物质在燃烧过程中起到了推波助澜的作用,加速了可燃物的燃烧过程。因此,对于纺织品阻燃整理来说,只要有效地抑制上述三个燃烧条件中的任何一个,都可以有效抑制纺织品燃烧,达到阻燃目的。

通常情况下,纺织品阻燃整理主要采取以下方法:

(1)吸收热量

当织物刚被点燃时,涂盖在织物表面的阻燃整理剂发生分解并吸收大量的热量,使得被点燃的着火点附近温度较低,达不到纺织品的燃烧温度,从而阻止了纺织品的燃烧,达到了阻燃目的。

(2)阻隔氧气

织物表面的阻燃剂被热量分解后产生不可燃气体,阻隔了空气中助燃气体与纺织品表面的接触,进一步稀释了纺织品燃烧时分解产生的可燃性气体的浓度,从而达到了纺织品阻燃的目的。

(3)参与反应

纺织品燃烧有其自身的特点,不同的纺织品在燃烧时会产生不同的低分子可燃物。这些可燃物主要是可燃气体以及低沸点的醇类、醚类、酮类和醛类。利用阻燃整理剂受热分解后产生的游离基可与纺织品燃烧后的分解物发生化学反应的特性,改变这些低分子物的基本性质,降低其进一步参与燃烧的速率,从而降低整个燃烧体系所具有的能量,达到阻燃目的。

目前,随着科学技术的不断进步和人民生活水平的不断提高,改善居住条件、提高居住环境安全性的呼声越来越高。人口密度的加大和高层建筑的增多,都无一例外地对家用纺织品和装饰用纺织品的阻燃性提出了越来越高的要求。为此,我国与许多发达国家和地区一样,陆续颁布了一系列技术标准,其目的就在于保护人民的生命和财产安全,促使加工企业不断提高其纺织品的阻燃性能。为进一步了解常用纺织纤维的燃烧性能,表 5-9 给出了多种纤维的热裂解温度和需氧指数。

表 5-9　常用纺织纤维的燃烧性能

纤　维	闪点(℃)	着火点(℃)	热裂解温度(℃)	需氧指数(%)	燃烧性能
棉	361	493	341	18	助燃,燃烧快,有阴燃
粘　胶	327	449	313	19	助燃,燃烧快,无阴燃
醋　酯	363	480	336	17	助燃,燃烧前熔融
腈　纶	331	540	312	18.5	立即燃烧
涤　纶	448	575	410	23.5	难助燃,熔融,可燃
锦　纶	459	504	416	22	熔融,难着火,易滴落
真　丝	662	600	287	23	可燃
羊　毛	650	650	243	24	难助燃,可燃
玻璃纤维	—	—	—	100	不燃

上表中提及的需氧指数是用来表示织物可燃性的相对数值,通常用 LOI 表示,它是指样品在氮氧混合气体的环境中保持烛状燃烧时所需氧气的最小体积分数。该数值越高,织物就越不容易燃烧,阻燃性就越好。可燃物没有火焰的缓慢燃烧现象被称为阴燃,与阴燃相对应的燃烧现象被称为闪燃,闪燃时可燃物表面的可燃气体和低沸点低分子裂解物遇到明火能产生一闪即灭的火焰燃烧现象。而在规定的实验条件下,可燃物能够产生闪燃的最低温度则被称为闪点。在规定条件下,可燃物接近火焰后不但有闪燃现象,而且还能继续燃烧 5s 以上的最低温度被称为可燃物的燃点,也叫做发火点或着火点。上表中的热裂解温度是指高分子可燃物中大分子裂解为低分子物的温度。除蛋白纤维以外其他高分子纺织纤维的闪点通常比热裂解温度高 20℃。

根据燃烧机理和阻燃措施,人们在长期的实践中发现,对纤维可以产生阻燃作用的主要元素有硼、磷、氮、溴、氯、锑、铋、氟、碘等,其中阻燃效果较好的是含磷、溴、氯的化合物。在使用上述化合物做纺织品阻燃整理剂时,用两种化合物的混合物进行阻燃整理,其整理效果会好于单独使用其中一种化合物的整理效果。从这个意义上说,与表面活性剂的协同效应有几分类似。人们在实践时还发现,对于不同的纤维来说,只有当某些具有阻燃效果的元素在织物表面达到一定含量以后才能显现明显的阻燃效果。表 5-10 列出了具有阻燃效果的相关元素在不同纤维中的最低含量。

表 5-10　不同纤维产生阻燃效果时某些元素的最低含量(%)

纤维名称	P	Cl	Br	P+Cl	P+Br
纤维素	2.5~3.5	24 以上	—	—	1+9
腈　纶	5	10~15	10~20	1~2+10~12	1~2+5~10
涤　纶	5	25	12~15	1+15~20	2+6

续表

纤维名称	P	Cl	Br	P+Cl	P+Br
锦 纶	5	3.2~7	—	—	—
丙 纶	5	40	20	2.5+9	0.5+7

作为纺织品阻燃加工所用的整理剂,除了在不同纤维上需要不同的含量才能具有阻燃效果以外,还必须满足以下要求:

① 具有明显防燃性、有限的阴燃性和防止合纤熔滴的作用。

② 阻燃效果必须耐洗涤和干洗。

③ 使用简便,与其他化学制剂的相容性好。

④ 不会影响织物的手感和色泽。

⑤ 不刺激皮肤,不过分影响织物的透气性。

⑥ 阻燃时不会产生有毒气体。

⑦ 不会影响织物的耐磨性和强度。

2. 阻燃剂分类

通常阻燃剂的分类方法有三种,一种是按阻燃效果的耐久性来分,另一种是按照阻燃剂的化学机构中含有的主要元素来分。前一种分类方法简单易懂,便于记忆,而后一种分类方法虽然复杂,但有利于阻燃剂的开发和不断改进。有时候也可以把阻燃剂按照应用对象分成棉用阻燃剂、毛用阻燃剂、涤纶阻燃剂和混纺织物阻燃剂等等。这第三种分类方法有利于阻燃剂的应用者尽快掌握阻燃整理剂的使用方法。但无论哪一种分类方法,只要可以指导阻燃剂的应用,都是行之有效的分类方法。

根据阻燃整理的耐久性,可以把阻燃剂分为非耐久性阻燃剂、半耐久性阻燃剂和耐久性阻燃剂三种。非耐久性阻燃整理剂在使用时工艺简单,成本较低,适用于窗帘、幕布、沙发套、墙布等不需要洗涤或很少需要洗涤的纺织品的阻燃整理。半耐久性阻燃剂可以经受15次以下的洗涤,可用于室内装饰材料和帐篷等物品的阻燃整理。而耐久性阻燃整理必须达到耐50次以上的水洗。此类阻燃剂通常可以与纤维上的活性基团发生交联,或在纤维表面或纤维内部通过聚合反应形成不溶性聚合物,以获得耐久的阻燃性。床上用品、工作服、儿童服装、防护服等纺织品,都需要耐久性阻燃整理。

按照阻燃剂中某种化合物含量偏高的元素对阻燃剂进行分类,可以把阻燃整理剂分成磷系阻燃整理剂、卤系阻燃整理剂和硼系阻燃整理剂。磷系阻燃剂是以磷为主体的化合物,在纤维燃烧的初期可分解出具有脱水作用的挥发性的酸,使纤维炭化,达到阻燃目的。而卤系阻燃剂依靠卤元素在高温下产生卤化氢气体,冲淡氧气成分,产生气体屏蔽作用,而达到阻燃作用。硼系阻燃剂可以降低织物的着火性能和燃烧性能,主要用于棉织物和纸张的阻燃,具有使用简单、价格低廉等特点,是比较古老的阻燃整理剂。像三氧化二锑、胶体氧化锑、五氧化二锑等锑化物和钨配合物也具有较好的阻燃性能。将这些化合物与卤系阻燃剂协同使用,具有非常好的阻燃整理效果。

目前使用的纺织品阻燃剂以纤维素纤维居多。由于磷系阻燃剂在燃烧时不仅可以加速纤维素的炭化,还可以减少可燃气体的产生。所以,棉织物阻燃整理所用的整理剂大多为含磷化合物。近年来的研究表明,暂时性含磷阻燃整理剂和半耐久性含磷阻燃整理剂主要以无机化合物为主,使用的安全性较好。而耐久性阻燃整理剂大都以有机膦为主体成分,目前已逐渐被禁用。棉用阻燃剂 CP 是可以继续使用的少数品种之一,该产品使用时工艺简单,耐洗性优良,被使用得越来越广泛。

涤纶分子中没有反应性基团,阻燃剂的固着比纤维素纤维困难很多,所以涤纶织物阻燃整理的耐久性远比棉织物差。目前可供化纤织物阻燃整理使用的阻燃剂主要有两类,一类是双环亚磷酸酯混合物,另一类是六溴十二烷。前者在使用时需要在整理液中加入防泳移剂、交联剂和柔软剂。后者使用时可与染色同浴,当涤纶纤维中的阻燃剂含量达 6% 时,涤纶织物的阻燃性能会明显增强,耐洗的次数可达 30 次以上。这种加工方法不会影响织物的白度和染色牢度,仅对织物的手感稍有影响。但是,由于六溴十二烷涤纶阻燃剂在使用时会分解而产生二噁英,已经受到环保组织的关注,因此也被限制使用。

3. 阻燃效果检验

验证阻燃剂阻燃效果的实验方法较多,常用的有两种方法,一种是氧指数法,另一种是垂直法。第一种方法所用的仪器为氧指数仪,通过比较不同浓度的氧气对试样燃烧的影响,最终确定试样燃烧时所需的最低浓度的氧指数值。在确定可以维持试样燃烧时的最低氧气浓度值以后,通过比较试样的续燃时间、阴燃时间和损毁长度,来比较不同阻燃剂的阻燃效果。试验中进行空白试验和平行试验,是保证实验数据准确性的前提。阻燃织物的经向和纬向试样在检测时由于密度有区别,最终的实验结果也会有差异。

垂直法测试织物阻燃效果的基本原理与氧指数法相同,都是通过验证试样的损毁长度、续燃时间和阴燃时间来判定阻燃效果,比较阻燃剂的基本性能。垂直法所用的仪器为织物阻燃性能测试仪。在实验中需要特别注意的是,通过垂直法测试织物阻燃效果,试样的撕裂长度可以直接量化表示织物的损毁长度。

通常,可以用上述两种方法,经过综合比较后对织物的阻燃效果进行鉴定,也可以通过上述方法比较不同阻燃剂的阻燃效果。实验时,平行试验的次数一般为 5 次。氧指数法可参照 GB/T 5454—1997《纺织品燃烧性能试验氧指数法》进行,垂直法可参照 GB/T 5455—1997《纺织品燃烧性能试验垂直法》进行。

4. 阻燃剂应用举例

例1:阻燃剂 BQ

高效、非耐洗性阻燃剂。

① 特殊性质

● 高效,非耐洗性阻燃整理剂。

● 适用于各种纤维及其混纺织物的阻燃整理。

● 与氟系防水防油剂有很好的相容性。

● 可赋予织物柔软、干爽的手感。

● 无毒、无污染。

● 易溶于水,使用方便,对色光影响很小。

② 一般性质

● 化学组成:有机磷酸酯。

● 外观:无色透明液体。

- 密度:1.1g/cm³。
- pH 值:6~7。
- 储存:出厂后常温下可密闭储藏 12 个月。

③ 应用资料

阻燃剂 BQ 的加入量与织物的原料属性、组织结构、织物密度和织物厚度有关,也与客户需要达到的阻燃标准有关。阻燃整理加工方法可以采取多种方式,喷涂、涂刷、浸轧、浸渍都可以。只要将阻燃剂 BQ 配制成 300~500g/L 的均匀溶液后,按照上述方法加工即可。无论采用哪一种加工方式,织物的带液量通常为 80%~90%。

充分的前处理可以去除织物上的各种油剂、污迹和残留物。清洁的织物是获得良好阻燃整理效果的前提条件。

例 2:阻燃剂 CT

能满足大多数阻燃要求的耐久性聚酯纤维用环保型阻燃剂。

① 特殊性质

- 不含卤素,燃烧时不会释放有害气体。
- 不含甲醛和锑化物的新一代环保型阻燃剂。
- 产品含磷量高,没有腐蚀性,水溶性极好。
- 可以对聚酯纤维进行半耐久和耐久性阻燃整理。
- 可用于窗帘、汽车装饰品、服饰品和建筑装饰材料等产品的阻燃整理。
- 可赋予织物良好的手感和悬垂性。

② 一般性质

- 活性成分:93%以上。
- 外观:浅黄色粘稠液体。
- 含磷量:19%以上。
- 10%水溶液的 pH 值:2~3。
- 密度:1.2~1.3g/cm³。
- 粘度:2 000~10 000cps。
- 储存:出厂后常温下可密闭储藏 12 个月。

③ 应用资料

阻燃剂 CT 的加入量与织物的原料属性、组织结构、织物密度和织物厚度有关,也与客户需要达到的阻燃标准有关。阻燃整理加工方法主要采取浸轧方式,一般用量为 80~160g/L。具体的用量也可通过小样试验获得。通常,织物的带液量为 80%~90%。

充分的前处理可以去除织物上的各种油剂、污迹和残留物。清洁的织物是获得良好阻燃整理效果的前提条件。

例 3:阻燃剂 CU

能满足大多数阻燃要求的耐久性聚酯纤维用环保型阻燃剂,也可用于涂层阻燃整理。

① 特殊性质

- 不含卤素,燃烧时不会释放有害气体。
- 不含甲醛和锑化物的新一代环保型阻燃剂。

- 产品含磷量高,没有腐蚀性,水溶性极好。
- 可以对聚酯纤维进行半耐久和耐久性阻燃整理。
- 可用于织物的涂层阻燃整理。

② 一般性质

- 活性成分:100%。
- 外观:浅黄色粘稠液体。
- 含磷量:20.5%以上。
- 10%水溶液的 pH 值:2~3。
- 密度:1.2~1.3g/cm³。
- 粘度:2 000~50 000cps。
- 储存:出厂后常温下可密闭储藏 12 个月。

③ 应用资料

阻燃剂 CU 的加入量与织物的原料属性、组织结构、织物密度和织物厚度有关,也与客户需要达到的阻燃标准有关。阻燃整理加工方法主要采取浸轧方式,一般用量为 80~160g/L。具体的用量也可通过小样试验获得。通常,织物的带液量为 80%~90%。

充分的前处理可以去除织物上的各种油剂、污迹和各种残留物。清洁的织物是获得良好阻燃整理效果的前提条件。对于某些难以润湿的织物,加工时可在阻燃整理液中加入 1~3g/L 润湿剂。整理液的 pH 值应控制在 5.5~6.5 之间。10%阻燃剂 CU 水溶液的 pH 值可用 2g/L 的磷酸氢二钠或 1.5g/L 的纯碱进行调节。

建议的配方如下:

涂层工艺配方	配方 1	配方 2
粘合剂	45~49g	45~49g
阻燃剂 CU	8~16g	8~16g
六溴环十二烷	18~35g	—
三聚氰胺	—	18~35g
双氧水	10~30g	10~30g
增稠剂	1~5g	1~5g
加水至	100g	100g

任务 5:增深整理剂应用

基本要求:

1. 知道涤纶织物增深整理的基本原理;
2. 学会增深整理剂的应用方法;
3. 知道涤纶织物增深整理效果的检验方法。

1. 前言

在纺织品染色时,人们通常把颜色最深的黑色称为元色。伊斯兰国家的女性大多穿黑色长袍,该地区的人们普遍认为,谁穿的黑色越黑,谁家就越富有。近年来,随着染整助剂的迅速发展,通过调整染色工艺和后整理工艺可使特黑织物的黑度显著增深。特别是通过增深剂对黑色织物进行后整理来增加织物黑度的方法,已经被日本和韩国的助剂贸易商和纺织品贸易商所重视。十多年前他们就垄断了伊斯兰国家的黑布市场,并为自己带来了丰厚的利润。目前,韩国人在伊斯兰黑布市场上占有很大的份额。他们不断开发价格适中、增深效果十分明显的特黑整理剂,不断改进染整工艺,逐渐把日本人挤出了市场。由于韩国增深整理剂贸易商和我国江浙地区部分染厂的不懈努力,加之我国与伊朗等国有着传统友谊,使我国海外市场具有十分乐观的发展前景,大有后来居上的发展势头。

迪拜作为阿拉伯半岛最重要的贸易港口,对繁荣周边地区的黑布市场起到了重要作用。目前,化纤织物尤其是全涤织物,在市场份额中占有很大比例。而且无梭织机织造的光边雪纺织物大有替代有梭织机毛边雪纺的趋势。其中 83.3dtex(75D)全涤 FDY 毛边雪纺的普通特黑织物在迪拜市场上的批发价格为每码 61 美分左右,特黑加黑织物的批发价格为每码 99 美分左右。而在德黑兰市场上,83.3dtex 全涤 FDY 雪纺普通特黑织物的批发价格为每码 65 美分,特黑加黑雪纺织物根据黑度、手感的不同,批发价格为每码 1.1 美元,光边的雪纺则可以卖到每码 1.2 美元以上。由此可见,特黑加黑雪纺织物在伊斯兰国家有着广泛的市场和比较可观的利润空间。

光线在纤维表面的反射率与纤维的折射率有较大关系,纤维的折射率越大,光线在纤维表面的反射率也越大。涤纶纤维的折射率在通常条件下为 1.725,比其他纤维高出很多,所以涤纶纤维的染深性比其他纤维差。因此,在不增加染料的前提下,若增加视觉上的深度,就需要对涤纶纤维,特别是涤纶超细纤维进行增深整理。所以,通常意义上的增深整理大多是对涤纶织物的深色化整理。

纺织品的增深整理一般有两种途径。第一种途径是腐蚀纤维表面,让纤维表面变得凹凸不平,增加入射光线产生漫反射的机会,进而增加反射光再次进入纤维内部的机会,通过减少反射光来达到增深目的。通常,具体有三种方法。一种是通过碱减量的方法,让涤纶纤维在热的浓碱溶液中通过表面水解,使纤维表面产生凹坑,但是这种方法的增深效果有限。第二种方法是利用低温等离子体对涤纶纤维进行刻蚀,刻蚀后涤纶的黑色浓度指数可以从原来的 100 达到 109。高档精纺毛织物黑色礼服也可以通过这种方法明显提高黑度。第三种方法就是利用后加工将深化材料涂敷于织物表面,使纤维表面产生细微的凹凸,从而达到深化织物的目的。常用的深化材料为二氧化硅胶体等惰性材料。材料颗粒的大小决定了深化的效果,颗粒越小,深化效果越明显。

第二种途径就是利用低折射率物质涂敷织物表面,降低织物对光线的反射率,从而达到增深效果。一滴清水滴在任何颜色的织物上,水滴润湿的织物表面都会比其他未被润湿的部位颜色深。这是因为水的折射率低,降低了入射光的反射率。如果在织物表面涂敷一层低折射率的物质,黑色涤纶织物的深度就会明显提升。表 5-11 列出了具有增深效果的各种树脂的折射率。

表 5-11　各种树脂的折射率

树脂名称	折射率	树脂名称	折射率
三聚氰胺	1.62	有机硅	1.43
环氧化合物	1.59	有机氟	1.38
聚氨酯	1.55	空　白	1.62(纤维)
聚丙烯酸酯	1.47	—	—

上表数据表明,除了三聚氰胺树脂的折射率与纤维的折射率相同而没有增深效果以外,其余各种树脂的折射率都低于纤维的折射率,都可以作为该织物的增深整理剂。

2. 增深整理工艺比较

为了比较详细地研究涤纶织物的增深整理,以前文中提到的全涤雪纺织物的加工过程为例,通过比较不同的染整工艺流程对织物黑度的影响,加深对增深整理工艺的理解。由于涤纶雪纺织物比较轻薄,且涤纶 FDY 长丝的染深性在各种涤纶长丝中属较差,所以该工艺最具有代表性。具体的织物规格如下:

织物名称:100%FDY 涤纶雪纺;　　　纤维规格:83.3dtex/72f;

捻度:22 捻/cm;　　　　　　　　　上机门幅:189cm;

经密:35 根/cm;　　　　　　　　　纬密:22 根/cm;

成品面密度:98g/m²;　　　　　　　成品门幅:151cm。

染整工艺在纺织品加工过程中的重要作用不言而喻。优化和改进染整工艺、使用新型助剂,是开发新产品的重要手段。

① 传统工艺

平幅精练机精练→染缸内松弛→脱水→烘干→预定形→连续减量机减量→水洗→前处理→染色→后处理→脱水→烘干→浸轧柔软剂→定形→检验→包装

② 改进工艺

平幅精练机精练→染缸内松弛→脱水→烘干→预定形→连续减量机减量→水洗→前处理→染色→后处理→脱水→进缸水洗→脱水→烘干→浸轧增深剂和柔软剂→红外线短环烘干→定形→检验→包装

3. 增深整理工艺讨论

(1)重新进缸水洗

重新进缸水洗可最大限度地去除增深整理之前织物表面的浮色和其他杂质。水洗过程中不添加任何净洗剂。

(2)红外线短环烘干

增加红外线短环烘干可迅速蒸发织物上的水分,尽可能地把增深整理剂留在织物表面,避免定形机烘房内引风装置在抽湿过程中带走一部分增深整理剂。同时,增加红外线短环烘干,也可以降低定形机油温和电机转速,达到节能目的。红外线短环烘干装置系国产设备,占地面积不大,价格适中,烘干效果明显。

（3）综合论述

平幅精练时，必须十分注意扩幅辊表面的光洁性，以免毛刺擦伤织物。由于织物捻度较高，所以染缸内松弛阶段就要控制低温阶段的升温速度，以免织物表面形成死皱。使用连续式减量机碱减量，可以减少手感缸差。要周期性检查定形机前轧车橡胶辊轧点线压力的均匀性，以免造成因成品携带的增深剂不同而产生左右黑度不同。由于产品是 FDY 织物，所以任何一次脱水之前，布面的温度越低越好，以免因布面温度过高在脱水时产生死皱。因此每次降温时，速度不宜过快，应待缸内温度低于 45℃后再注入冷水，且水量不宜过大。

坯布的经纬密度、纤维的粗细和根数、捻度的控制，是保证坯布质量的关键，并因此保持减量以后织物手感的一致性。一般按照美国 4 分制标准对织物进行外观质量检验，检验时应该特别注意检查纬斜。

4. 增深整理配方选择

（1）整理剂介绍

选择特黑增深整理剂时，既要考虑整理剂的离子类型，也要考虑整理剂的综合成本，还要考虑整理剂的协同效应。整理剂简介如表 5-12 所示。

表 5-12　整理剂简介

品　种	增深剂 A	增深剂 B	活性氨基硅油 C
产　地	韩　国	韩　国	浙　江
价　格	105 元/kg	75 元/kg	14 元/kg
主要作用	增　深	协同增深	柔软、滑爽

（2）配方的选择

通过如下设计方案，选择最优配方。最优配方的选择首先要考虑织物的黑度，其次考虑织物的手感和整理剂的总体成本。不同配方的增深效果目测排序如表 5-13 所示。

表 5-13　增深效果目测排序

配方序号	增深剂 A(g/L)	增深剂 B(g/L)	活性氨基硅油 C(g/L)	增深效果目测排序
1	1	1	1	9
2	1	2	2	8
3	1	3	3	7
4	2	1	2	6
5	2	2	3	5
6	2	3	1	4
7	3	1	3	3
8	3	2	1	2
9	3	3	2	1

由于 1 号到 6 号配方的增深效果明显不如 7 号、8 号和 9 号配方，所以把选择的重点放在后面的三个配方上。9 号配方的增深效果最好，手感一般，成本偏高。8 号配方的增深效果略逊于 9 号，手感不够滑爽。7 号配方的成本最低，手感最滑爽，增深效果稍逊于 8 号配方。综合考虑增深效果、手感和成本三个因素，选择 7 号作为最优配方。在实际生产过程

中,可以根据客户对手感的具体要求,在碱减量过程中适当地调整减量率。还可以在 7 号配方的基础上,适当调整三种助剂的用量,以满足客户对织物黑度的要求。若客户要求在 7 号配方的基础上增加黑度,必须同客户说明:黑度越黑,价格越高。

5. 增深效果对比

(1)反射率对比

纤维表面的折射率越小,其反射率也越小。例如,当织物表面被水润湿时,由于水的低折射率(1.33),使得润湿处的色泽比未润湿处的色泽深出很多。所以,当纤维表面覆盖一层低折射率物质后,光线的反射率就降低。此时反射率的计算式为:

$$R = \frac{(n_2^2 - n_0 \times n_1)^2}{(n_2^2 + n_0 \times n_1)^2} \times 100\%$$

式中:n_0 为空气的折射率(1.000);n_1 为纤维的折射率(涤纶 n_D^{20} 为 1.725);n_2 为增深剂覆盖层的折射率。

以涤纶织物为例,当 n_2 为 1.31 左右时,R 值最低。织物增深剂覆盖层的折射率与表面反射率的关系如图 5-1 所示。

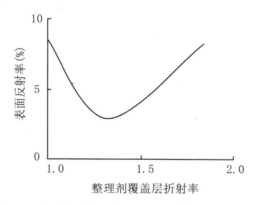

图 5-1　增深剂覆盖层的折射率与表面反射率的关系

通过测试增深前后两种不同黑度的雪纺,比较它们的反射率。有关数据如表 5-14 所示。

表 5-14　增深整理前后织物表面反射率的测试数据表(%)

波长(nm)	增深后产品						烘干后未增深产品					
400～450	1.14	0.93	0.98	0.97	0.94	0.94	1.59	1.44	1.46	1.46	1.43	1.42
460～510	0.94	0.91	0.94	0.91	0.94	0.93	1.42	1.39	1.42	1.39	1.42	1.40
520～570	0.94	0.94	0.96	0.97	0.96	0.92	1.40	1.40	1.41	1.42	1.41	1.38
580～630	0.93	0.94	0.96	0.97	0.98	0.96	1.40	1.42	1.44	1.46	1.48	1.48
640～690	0.97	1.00	1.01	1.04	1.18	1.61	1.49	1.52	1.52	1.52	1.52	1.84

通过对比表 5-14 中的数据,可以直观地看出:增深整理后的织物在相同波长下其表面反射率呈下降状态,从 400nm 到 670nm 之间平均下降 0.5 %。

(2)表面深度对比

作为明度值最低的黑色纺织品,其表面深度可以用库贝尔卡－蒙克(KUBELKA-MUNK)方程式表示为:

$$K/S=\frac{(1-R)^2}{2R}$$

式中:R 为织物的表面反射率;K 为不透明体的吸收系数;S 为不透明体的散射系数。

增深前后织物在不同波长下的 K/S 值如表 5-15 所示。

表 5-15　增深前后织物在不同波长下的 K/S 值

波长(nm)	增深后产品					烘干后未增深产品				
410～450	52.89	50.05	50.35	51.93	52.32	34.23	33.45	33.45	34.07	34.23
460～500	52.05	53.95	52.44	53.97	52.21	34.06	34.89	34.15	34.95	34.30
510～550	52.91	52.18	52.03	51.17	50.76	34.70	34.60	34.68	34.38	34.06
560～600	51.18	53.46	52.82	52.42	51.12	34.17	35.30	34.95	34.53	33.64
610～650	50.29	50.20	50.87	50.32	48.81	33.12	32.81	32.97	32.75	32.02
660～700	48.73	47.02	41.54	30.15	20.81	32.04	31.78	30.38	26.15	19.71

通过对比表 5-15 中的数据,可清楚看到:在 410nm 到 700nm 之间,增深整理后的织物在相同波长下的 K/S 值均明显高于未增深产品。在实际生产中,运用相同工艺和整理助剂,83.3dtex/36f 的 FDY 雪纺深度深于 83.3dtex/72f 的 FDY 雪纺;厚重全涤织物明显深于雪纺类轻薄织物。因此,通过调整染整工艺和浸轧增深整理剂来增加全涤特黑机织物的表面深度是可行的,既可以满足伊斯兰国家对特黑加黑织物的黑度要求,也可以满足国内客户的特殊要求。

6. 增深整理剂应用实验

通过实验对比涤纶织物增深整理剂的基本效果,了解增深效果判定的基本方法。要求学生根据本任务的有关内容独立设计实验方案。实验的相关资料可参阅附录中实验 8 的内容。

任务6:吸湿整理剂应用

基本要求:

1. 知道吸湿整理、抗静电整理的联系和区别;

2. 学会吸湿整理及应用方法;

3. 学会判断吸湿整理效果的基本方法。

1. 前言

我国的涤纶纤维产量已连续多年位居世界第一,常规涤纶纺织品加工的快速发展也进一步促进了涤纶新型纤维的开发。以纯纺、混纺和交织为重点、以涤纶机织物、针织物和非织造布为主要品种的纺织品开发,不仅极大地丰富了广大消费者的生活,同时对我国纺织品的出口贸易产生了巨大的推动作用。涤纶的大分子结构中,只有在纤维的两端才存在活性基团,所以聚酯纤维有极强的疏水性,其回潮率为 0.4%,仅为锦纶的十分之一,接近棉的二十分之一。较低的吸湿性决定了涤纶纤维及其织物的导电性很差,所以涤纶织物本身就容易带电,容易吸引空气中带电的灰尘。但是涤纶纤维也有优点,比如织物的硬挺程度较好、耐磨、机械性能较强等。为了保留涤纶纤维的优点,改善其缺点,业内人士发明了许多成熟的加工技术。这些加工技术主要包括两个方面,第一方面是涤纶新原料的开发,第二方面是涤纶织物的染整加工。

目前,新原料的开发主要是通过纤维改性和纤维截面的异型化来改变纤维的染色性能、柔顺性能和吸水性能。比如通过改性的方法,在普通涤纶纤维中,其中以阳离子染料可染的改性涤纶应用最为广泛。阳离子染料可染的涤纶俗称 CDP 纤维,由间苯二甲酸二甲酯-5-磺酸钠作改性剂,在涤纶纤维上引入磺酸基团。改性后的涤纶纤维,其原有的规整性受到破坏,结构变得较松散,阳离子染料在常温下便可对其染色。用丁二醇代替乙二醇与对苯二甲酸聚合,生成聚对苯二甲酸丁二酯纤维,也属于新型聚酯纤维,该纤维的染色性和柔顺性都好于普通涤纶。

虽然在纤维大分子结构中增加极性基团可以改善涤纶的吸湿性,但真正具有革命性的涤纶吸湿纤维是利用纤维表面微细沟槽所产生的毛细现象使汗水经芯吸、扩散、传输等作用,迅速迁移至织物的表面并发散,从而达到导湿快干的目的。凡是具有吸湿排汗功能的纤维一般都具有高的比表面积,表面有众多的微孔或沟槽,截面一般设计为特殊的异体形状,利用毛细管原理,使纤维能快速吸水、输水、扩散和挥发,能迅速吸收皮肤表面的湿气和汗水,并排放到外层蒸发。这类纤维以针织物为主,特别适合做运动服和休闲装,手感特别细腻柔软,适合贴身穿着。当此类织物作为休闲运动装外穿时,过于柔软的手感会影响织物风格。由于针织物过于松散,容易在服用过程中因线圈钩挑出现起毛起球现象而影响织物的外观。涤纶机织物以服装面料为主,所以适合贴身穿着的吸湿排汗纤维的涤纶机织物市场需求较小。为了改善涤纶机织物的手感,强捻涤纶机织物的染整加工需要碱减量。同时,为了改善涤纶机织物的吸湿性,近年来涤纶机织物的吸湿整理发展较快。不断涌现的吸湿整理剂和整理方法完全能够满足市场需求。通过后整理方法对涤纶机织物进行吸湿整理,整理迅速快捷,效果明显,检测方便。

2. 吸湿整理基本原理

整理剂的活性基团极性越强,吸湿整理效果越明显。同时,为了保持整理效果的耐久性,整理剂的分子中必须含有能与涤纶大分子结合相对紧密的基团。因此,涤纶吸湿整理剂的分子必须由两部分组成,一部分是亲水性基团,另一部分是疏水性基团。亲水性基团保证整理剂的亲水性能,疏水性基团保证整理剂与涤纶大分子的紧密结合。由于涤纶大分子是疏水性的,所以可根据相似相容原理,涤纶吸湿整理剂中其疏水性基团的分子链段结构与涤纶分子的结构越相似,该链段与涤纶大分子结构结合的程度就越紧密。因为涤纶大分子结构中的主干是对苯二甲基乙二醇酯,所以,与此相似的结构必然是芳环链段。总之,同时具有亲水基和亲酯基的整理剂,才可能具有对涤纶织物良好的吸湿整理效果。

3. 整理剂性能比较

由于市场上的涤纶吸湿整理剂种类较多,所以在选用时,必须对整理剂的基本性能进行必要的对比。对比时主要考虑整理剂的稳定性、泛黄性、色变性、对织物手感的影响和整理剂的耐持久性。而整理剂对织物手感的影响可以通过检测织物的柔软性和滑爽性来判定，对织物色变性的影响可以通过检测织物的色光变化和深度变化来判断。织物整理后的耐摩擦牢度也可以通过实验得到验证。

（1）稳定性

整理剂稳定性的检测主要看整理剂的耐弱酸性、耐弱碱性、耐电解质性和分离稳定性。表 5-16 和表 5-17 给出了三种涤纶吸湿整理剂的基本稳定性检测条件和检测结果。

表 5-16　涤纶吸湿整理剂静置稳定性的检测条件和检测结果

序号	整理剂名称	整理剂外观状态	检测条件	检测结果
1	SNT-0188	稍稠白色乳液		有少量沉淀
2	DN-9081	无色透明乳液	室温下 10％水溶液中静置 24h	无变化
3	Nivelon-N	微黄透明乳液		无变化

表 5-17　涤纶吸湿整理剂离心稳定性的检测条件和检测结果

序号	整理剂名称	整理剂浓度	检测条件	检测结果
1	SNT-0188			有明显沉淀
2	DN-9081	10％水溶液	室温下 3 000r/min 的离心机内旋转 30min	无变化
3	Nivelon-N			无变化

表 5-16 和表 5-17 的结果都表明，吸湿整理剂 SNT-0188 的基本稳定性不好。表 5-17 表明，用医用离心分离器旋转 30min，可较迅速地检验吸湿整理剂的基本稳定性。

（2）泛黄性

对于漂白、奶白、本白和乳白色的涤纶织物来说，在整理过程中吸湿整理剂的泛黄性将会明显影响织物颜色的准确性。经高温定形后，上述颜色的织物泛黄性越明显，说明整理剂泛黄性越明显。虽然降低定形温度可缓解整理剂泛黄性的显示，但过低的定形温度却对织物的尺寸稳定性有负面影响。表 5-18 给出了用 Datacolor SF-600X 型测色仪测定的涤棉漂白织物在整理前后其白度的变化。织物规格为 T/C 65/35 19.8tex(30ˢ)平纹漂白细布，不做任何整理。表中数据表明，在相同条件下整理剂 Nivelon-N 的泛黄性最不明显。

表 5-18　涤棉平纹漂白细布的白度变化检测

序号	整理剂名称	织物原始白度	整理条件	整理后白度变化
1	SNT-0188			75.2
2	DN-9081	78.6	整理剂 10g/L，一浸一轧，轧点压力 0.32MPa，焙烘温度 170℃，时间 120s。	74.1
3	Nivelon-N			73.7

（3）变色性

整理剂对颜色准确性的影响体现在织物颜色的变化上。整理剂与纤维的结合越紧密，对织物颜色的影响越明显。整理后织物颜色的变化可通过测量织物表面深度的变化、色差和色光的变化来体现。织物颜色越浅，整理后整理剂对颜色的影响越明显。表 5-19 列出了吸湿整理剂对织物颜色变化的影响。织物规格为 33.3tex 涤纶 DTY 低弹丝平纹箱包布，织物的表面深度值 K/S 的变化可以描述织物颜色的变化。测量仪器为 Datacolor SF-600X 型测色仪，织物颜色为军绿色，整理条件同表 5-18。

表 5-19　吸湿整理前后织物表面深度的变化

整理剂	整理状态	不同波段下织物整理前后的表面深度 K/S 平均值（波长单位：nm）					
		400～450	460～500	510～550	560～600	610～650	660～700
—	整理前	28.88	34.06	34.70	34.17	33.12	32.04
SNT-0188	整理后	33.04	39.05	39.91	38.18	38.29	37.73
DN-9081	整理后	41.93	42.21	42.76	43.12	40.81	39.81
Nivelon-N	整理后	42.89	43.95	44.18	45.26	42.21	40.52

表 5-19 中的数据表明，吸湿整理后涤纶织物的颜色会增深。这种增深作用对于特黑色涤纶织物来说是有益的。表 5-20 给出了特黑色涤纶织物经吸湿整理后表面深度的变化，整理条件同表 5-18。表 5-20 中的数据表明，涤纶特黑织物经吸湿整理后其表面深度增加较明显，这对于特黑织物的增深整理有正面影响。

表 5-20　特黑色涤纶织物吸湿整理后表面深度的变化

整理剂	整理状态	不同波段下织物整理前后的表面深度 K/S 平均值（波长单位：nm）					
		400～450	460～500	510～550	560～600	610～650	660～700
—	整理前	34.88	40.25	40.91	41.37	39.32	38.26
SNT-0188	整理后	39.27	45.23	46.16	45.41	44.51	43.91
DN-9081	整理后	46.93	47.21	48.76	49.12	48.81	45.81
Nivelon-N	整理后	47.89	48.95	50.18	51.46	49.20	46.02

（4）手感

如前所述，吸湿整理剂对涤纶织物手感的影响可通过织物的柔软性和滑爽性变化来测量。织物的硬挺度越明显，柔软性就越差。参照 FB W04003 标准测量织物柔软性，测量仪器如图 2-1。仪器平台的前斜面与底面成 41.5°夹角，试样压板长 15cm、宽 2.5cm，可带动试样同步移动。平台一侧有标尺，可测量试样的伸出长度。测得的数值越大，试样的硬挺度越大；数值越小，试样的柔软性越大。表 5-21 给出了 33.3tex 涤纶 DTY 平纹箱包布经不同吸湿整理剂整理后其柔软程度的变化。整理条件同表 5-18，试样尺寸为 2.5cm×15cm，经纬各 5 条。实验结果取 5 次测试的平均值。

表 5-21　不同吸湿整理剂对织物柔软性的影响

序号	整理剂	经向柔软度	纬向柔软度
1	空　白	47mm	44mm
2	SNT-0188	39mm	35mm
3	DN-9081	35mm	31mm
4	Nivelon-N	37mm	34mm

经过浸轧和焙烘,吸湿整理剂在织物表面结膜。通过测量织物表面的静摩擦系数,可以定性比较吸湿整理剂对织物滑爽性的影响,测试装置如图 2-1。表 5-22 给出了 33.3tex 涤纶 DTY 平纹箱包布经不同吸湿整理剂整理后其滑爽程度的变化。整理条件同表 5-18。试样尺寸为 2.5cm×15cm,经纬各 5 条。实验结果取 5 次测试的平均值。将被测织物平贴于平台表面和压板底面,使被测织物相对。固定实验仪器的斜面端,让压板刻度归"0"。慢慢抬起装置的直角后端,至压板开始滑动时,测量斜面端与水平桌面的夹角 θ,实验结果取 5 次测试的平均值。

静摩擦系数的数值越大,试样的滑爽程度越低。表 5-22 所示为经不同整理剂加工后织物的经纬向静摩擦系数。为了便捷地比较不同吸湿整理剂对织物滑爽性的影响,可以直接比较压板开始滑动的角度。角度越小,滑爽性越明显;角度越大,滑爽性越差。

表 5-22　不同吸湿整理剂对织物滑爽性的影响

序号	整理剂	经向静摩擦系数	纬向静摩擦系数
1	空　白	1.790	1.772
2	SNT-0188	1.575	1.618
3	DN-9081	1.460	1.494
4	Nivelon-N	1.519	1.533

表 5-22 中的数据表明,通过测量吸湿整理后织物表面的静摩擦系数来比较整理剂对织物滑爽性的影响是可行的。三种吸湿整理剂对涤纶织物滑爽性的影响是有区别的。综合表 5-21 和表 5-22,吸湿整理剂 DN-9081 对织物手感的影响最大。

(5)吸湿性

比较不同吸湿整理剂的整理效果,主要通过测试整理剂的吸湿性来完成。而不同整理剂的吸湿性比较可通过测量整理后织物的毛细管效应、吸水速度来完成。按照 FZ/T 01071 标准的试验方法,测试 30min 内液体在试样上爬升的高度。织物规格为 33.3tex 涤纶 DTY 平纹箱包布。织物仅经前处理后烘干,不做染色及其他整理。试样尺寸 25mm×300mm,整理条件同表 5-18。测试时试样下端的液体内加入 0.5% 的重铬酸钾溶液。表 5-23 列出了不同吸湿整理剂整理后织物的毛细管效应。

表 5-23　不同整理剂对织物毛效的影响

序号	整理剂	经向毛效高度(cm)	纬向毛效高度(cm)
1	空　白	2.4	2.1
2	SNT-0188	5.4	5.2
3	DN-9081	6.6	6.4
4	Nivelon-N	7.3	7.5

吸水速度的测定方法如下:用吸管滴一滴水在织物上,测试水滴完全扩散开所需的时间。表 5-24 给出了涤纶织物经不同整理剂吸湿整理后的吸水速度。表中织物规格同表 5-23,试样尺寸为 10cm×10cm。综合表 5-23 和表 5-24,可以看出吸湿整理剂 Nivelon-N 的吸湿效果最明显。

表 5-24　不同整理剂对织物吸水速度的影响

序号	整理剂	整理工艺条件	织物吸水速度（s）
1	空　白	—	14
2	SNT-0188	整理剂 10g/L，一浸一轧，轧点压力 0.32MPa，焙烘温度 170℃，时间 120s。	2
3	DN-9081		1
4	Nivelon-N		0.5

（6）导电性

人们在日常生活中使用涤纶机织物制作服装面料的机会较高。织物的吸湿性越强，导电性越明显，由此可减少织物的吸尘性和起毛起球性。表 5-25 给出了涤纶织物经不同吸湿整理剂整理后其导电性的变化。测试温度为 19℃，相对湿度为 45%，试样和磨料在 50℃、相对湿度低于 25% 的条件下烘燥 30min，然后在试验的温湿度条件下调湿 5h。仪器摩擦线速度为 (190 ± 10) m/min，摩擦时张力为 500cN，摩擦时间为 1min，试验小样尺寸为 55mm×80mm，磨料尺寸为 200mm×25mm。织物规格同表 5-24，整理条件同表 5-18。表 5-25 中的数据说明，吸湿整理剂 Nivelon-N 对织物导电性的影响最明显。

表 5-25　不同整理剂对涤纶织物导电性的影响

序　号	整理剂	摩擦带电电压（V）		半衰期（s）	
		经向	纬向	经向	纬向
1	空　白	2921	3586	12	15
2	SNT-0188	81	148	1	2
3	DN-9081	5	10	0	1
4	Nivelon-N	5	5	0	0

（7）耐洗性

整理后整理效果的耐久性可从一个侧面反映一种整理剂的整理效果。整理耐久性主要通过织物的耐洗性来体现。一般以比较织物洗涤 10 次后的整理效果为主要方法。而此时整理效果的测试仍以织物的毛效、吸水速度和导电性为主要依据。相对简单的测试方法就是测试织物的毛细管效应。表 5-26 列出了经不同吸湿整理剂加工的织物在 10 次水洗后其毛细管效应的高度。织物规格同表 5-23，整理条件同表 5-18，水洗条件为 40℃×30min，洗衣粉用量 2g/L。结果表明，吸湿整理剂 Nivelon-N 的耐洗性较好。整理剂的耐洗性也可以体现织物的耐水洗牢度，织物吸湿整理后的耐洗性越好，则表明织物的耐水洗牢度越好。

表 5-26　不同整理剂对织物毛效的影响

序号	整理剂	经向毛效高度（cm）	水洗 10 次后经向毛效高度（cm）
1	空　白	2.4	2.9
2	SNT-0188	5.4	4.1
3	DN-9081	6.6	6.1
4	Nivelon-N	7.3	7.1

（8）摩擦牢度

以涤纶特黑织物整理前后其耐摩擦牢度的变化来验证不同整理剂对织物耐摩擦牢度的

影响。表 5-27 中的数据表明三种吸湿整理剂对深浓色泽的涤纶织物的耐摩擦性能没有影响。织物规格和颜色同表 5-21,整理条件同表 5-18。织物的摩擦牢度测试方法参照 GB/T 3920 标准。

表 5-27 不同整理剂对特黑涤纶织物耐摩擦牢度的影响

序号	整理剂	干摩擦牢度(级)	湿摩擦牢度(级)
1	空 白	3	2～3
2	SNT-0188	3	2～3
3	DN-9081	3	2～3
4	Nivelon-N	3	2～3

市售的吸湿整理剂种类较多,如何选择性能优良的吸湿整理剂对于稳定和提高涤纶织物的吸湿性能至关重要。整理剂的稳定性决定了整理剂的储存条件,整理剂对织物颜色的影响具体表现为对白度的影响、对颜色色光的影响和对织物表面深度的影响。吸湿整理剂的主要功效就是通过一定的整理方法赋予织物一定的吸湿性。通过测试整理后织物的毛效、吸水时间和导电性,可鉴定整理剂的基本性能。测试织物的耐洗性和摩擦牢度,也可以鉴定整理剂的基本性能和对织物摩擦牢度的影响。如果能通过吸湿整理进一步改善涤纶织物的手感,则可以省去在后整理过程中对涤纶的柔软整理,从而提高涤纶织物的染整加工生产效率。

4. 工艺流程简介

常见的吸湿整理工艺有如下三种:

① 染色同浴

前处理→出水→加料→染色→后处理→脱水→开幅→定形→检验→包装→出库

② 染后浸渍

前处理→出水→加料→染色→后处理→浸渍→脱水→开幅→定形→检验→包装→出库

③ 染后浸轧

前处理→出水→加料→染色→后处理→脱水→开幅→浸轧→定形→检验→包装→出库

5. 整理工艺比较

上述三种工艺流程中,定形之后的工序完全相同,且染色之前的工序区别不大,所以讨论的重点自然在染色之后到定形之前。在第一种流程中,吸湿整理剂与染色同浴进行,这就要求吸湿整理剂不仅要耐高温、耐弱酸性,还要有良好的对阴离子表面活性剂的稳定性。

(1)染色同浴

分散染料的染色温度为130℃,在如此的湿热状态下吸湿整理剂的稳定性直接影响整理效果。同时,由于分散染料在染色过程中其染液的酸碱度一般呈弱酸性,所以吸湿整理剂必须具备对弱酸的稳定性。由于分散染料本身不溶于水,是在阴离子型的分散剂作用下微溶于水,所以与染液同浴的吸湿整理剂对涤纶织物进行整理时,吸湿整理剂的离子类型不能是阳离子型,只能是非离子或阴离子型。阳离子型吸湿整理剂在130℃的弱酸条件下很有可能与染液中的阴离子型分散剂发生反应而最终影响吸湿整理剂的整理效果。由于该方法不需要单独的工艺时间,所以省时。但该方法的工艺条件剧烈,所以对吸湿整理剂的稳定性要求最高。

高温高压喷射溢流染色机是最常用的涤纶染色设备,染色的浴比一般为 1:10,织物的重量一般为 320kg 左右。所以,染色时染液的总体积为 3000L 左右。表 5-28 给出了吸湿整理剂为不同用量时织物吸湿效果的差别。按照 FZ/T 01071 标准的试验方法测试 30min 之内液体在试样上爬升的高度,即可比较织物的吸湿效果。织物规格为 33.3tex 涤纶 DTY 平纹箱包黑色布。织物仅经前处理后烘干,不做染色及其他整理。试样尺寸为 25mm×300mm。整理条件如下:染色温度 130℃,保温时间 60min,织物染色后水洗至清;预烘温度 110℃,时间 120s;焙烘温度 170℃,时间 120s;染色时的 pH 值为 5。表 5-28 中的数据表明,2g/L 以上至 4g/L 以下的用量可以使染色同浴法的整理效果达到比较理想的吸湿整理效果。

表 5-28　同浴法中吸湿整理剂的用量对织物毛效的影响

整理剂用量(g/L)	0	1	2	3	4	5
经向毛效高度(cm)	4	7.3	10.6	10.7	10.9	11.1

(2)染后浸渍

染后浸渍的工艺条件一般为:室温条件下,在染缸内,以绳状运行 30min 左右后脱水。工艺条件缓和,所以对吸湿整理剂的稳定性要求较低。但该方法耗用工艺时间,影响生产效率。如果在每缸织物染色后于染缸中通过浸渍法进行吸湿整理,那么同样需要消耗 30min以上的时间,且用水量较大。如果单独用固定的染缸对每缸织物进行浸渍法吸湿整理,虽然可以节省水和吸湿整理剂的用量,但织物出缸和进缸所耗用的时间也会影响生产效率。如果染厂的设备较多,生产任务不是特别忙碌,吸湿整理剂的稳定性不能满足染色同浴法的基本要求时,可以考虑用染后浸渍法吸湿整理工艺对涤纶机织物进行吸湿整理。采用浸渍法进行吸湿整理时要求织物的脱水时间不可过长,以免吸湿整理剂随离心脱水法离开织物表面的水分过多而带走更多的吸湿整理剂,最后影响吸湿整理效果。所以,织物在最后定形时会由于难免带水较多而需要适当降低定形车速。表 5-29 列出了不同用量下浸渍法对织物吸水性能的影响效果。织物规格、试样尺寸与表 5-28 相同。浸渍时间 30min,浸渍温度 40℃,工作液的 pH 值为 5。表 5-29 中的数据表明,浸渍法时,吸湿整理剂的用量在 2g/L 到4g/L 之间,则可以赋予织物明显的吸湿效果。

表 5-29　浸渍法中吸湿整理剂的用量对织物毛效的影响

整理剂用量(g/L)	0	1	2	3	4	5
经向毛效高度(cm)	4	6.1	9.3	9.6	9.7	9.9

(3)染后浸轧

染后浸轧法是最常用的整理方法,为连续生产,生产效率高,节省用水,节省整理剂,工艺条件控制方便,对吸湿整理剂的耐高温稳定性要求较高。凡能满足染色同浴法要求的吸湿整理剂都能够满足染后浸轧法吸湿整理的要求。如整理前布面带水较少,则浸轧吸湿整理剂时吸附至织物的整理剂工作液就会更多,整理效果明显。但整理剂吸附过快容易引起整理效果不均匀的现象,这一点需要在加工时特别注意。以整理后织物的吸水速度来讨论吸湿整理剂的最佳使用量。吸水速度的测定方法如下:用吸管滴一滴水在织物上,测试水滴完全扩散开所需要的时间。织物规格同表 5-27,试样尺寸为 10cm×10cm。试验条件:一浸一轧,轧点压力 0.32MPa,预烘温度 110℃,时间 120s;焙烘温度 170℃,时间 120s;工作液的 pH 值为 5。表 5-30 给出了不同用量的整理剂对织物吸水性能的影响。

表 5-30　吸湿整理剂用量对织物吸水速度的影响

整理剂用量(g/L)	0	1	2	4	8	16
织物吸水速度(s)	14	4	2	1	0	0
整理剂用量(g/L)	3	5	6	7	9	10
织物吸水速度(s)	2	1	0	0	0	0

由于染色同浴工艺的工艺条件相对剧烈,工艺时间最长,所以在使用吸湿整理剂时其化料过程和打料过程需要特别注意,最好不要把染色酸直接倒入整理剂料桶内,应将整理剂与分散染料分开加入染缸内。选用什么样的工艺方法和工艺流程,不仅和吸湿整理剂的基本性能有关,还与织物的加工要求和织物的规格有关。整理剂的活性基团极性越强,吸湿整理效果越明显。同时,为了保持整理效果的耐久性,整理剂的分子中必须含有能与涤纶大分子结合相对紧密的基团。因此涤纶吸湿整理剂的分子必须由两部分组成,一部分是亲水性基团,另一部分是疏水性基团。亲水性基团保证整理剂的亲水性能,疏水性基团保证整理剂与涤纶大分子紧密结合。同时具有亲水基和亲酯基的整理剂,才可能具有对涤纶织物良好的吸湿整理效果。

6. 整理工艺讨论

染整工艺条件主要包括工艺配方、工艺温度、工艺时间和酸碱度等方面。以杭州美高华颐化工有限公司生产的吸湿整理剂力威龙-N 为例,讨论工艺条件变化对涤纶机织物吸湿整理效果的影响。在讨论过程中,以比较整理前后织物的吸湿性变化为主,并辅助讨论实际生产中某些因素对整理效果的影响。

(1)助剂简介

吸湿整理剂力威龙-N 为非离子型的高分子聚合物,外观为白色或浅黄色乳液,易溶于水,10%水溶液的 pH 值在 5 到 7 之间,自出厂之日起可密闭储藏 6 个月。包装体大小不仅要考虑到染厂用量,还要考虑装卸与搬用的便捷性。

用肉眼无法辨别经不同用量的吸湿剂整理后织物吸湿速度的变化时,更换测试方法显得非常必要。通过测定整理后滴落于织物表面的水滴的扩散直径,可判定整理剂的最佳使用量。表 5-31 列出了吸湿整理剂在不同用量下水滴在织物表面的扩散直径变化。织物规格、试样尺寸、试样条件同表 5-28。滴定管的滴水高度为 2cm,每次滴落水滴一滴,30s 后测量。

表 5-31　吸湿整理剂用量对织物表面水滴扩散直径的影响

整理剂用量(g/L)	0	5	6	7	8	9	10	20
水滴扩散直径(cm)	0.9	4.6	4.8	4.9	5.1	5.2	5.3	5.6

综合表 5-30 和表 5-31,最常用的浸轧法吸湿整理时,整理剂的用量超过 10g/L 后,吸湿效果增加不明显;吸湿整理剂的用量低于 5g/L 时,吸湿效果不明显。

(2)浸轧工艺

浸轧工序是织物进入定形机前吸附整理剂的关键阶段,能影响吸湿整理效果的因素有:织物平整程度、纬斜程度、轧点压力、轧车水平程度、整理剂化料与加料、液面高度控制等方面。吸湿整理前的织物平整程度主要取决于定形机机头张力杠和各导布辊与织物包角的大小。包角越大,摩擦力越大,张力也越大,织物表面平整程度也就越明显。若织物不平整,经过轧车时就会影响浸轧的均匀程度,从而影响吸湿整理效果。织物在吸湿整理后是否存在纬斜或者纬斜是否超标,主要与织物接头是否平齐有关,采用撕头后再缝头的方式效果明显。浸轧后定形前让织物经过光电整纬装置,是减少织物纬斜的最好办法。轧车橡胶辊表面的光洁性和平整程度对织物的吸湿整理有较大影响。如果橡胶辊表面有明显裂痕或坑凹不平现象,或经过长期使用出现磨损,都需要对橡胶辊进行必要的维护。用塞尺经常检验轧辊两端两只橡胶辊之间的缝隙宽度是否一致,是保证轧辊水平程度的关键。必要时可通过在报纸上轧压复写纸的办法来检验两橡胶辊轧压织物的均匀性。在吸湿整理时,选择轧点压力的大小主要与轧车的性能有关。两端施加的压力越大,轧点的压力也越大,整个轧辊出现的弹性变形也越明显。这种弹性变形经过长期的积累就会破坏胶辊轴芯的水平平整程度。橡胶层的薄厚也会对轧车的均匀程度产生明显影响。当橡胶厚度较薄时应及时更换轧车橡胶辊。表 5-32 给出了浸轧法吸湿整理时轧点压力变化对吸湿效果的影响。织物规格同表 5-28,整理剂用量为 5g/L,试样尺寸为 10cm×10cm;预烘温度 110℃,时间 120s;焙烘温度 170℃,时间 120s。

表 5-32　不同轧点压力对整理效果的影响

轧点压力(MPa)	0.15	0.2	0.25	0.3	0.35	0.4	0.45
经向毛效高度(cm)	11.4	10.1	9.9	9.8	9.8	9.7	9.6

轧点压力过大,织物毛效下降;轧点压力过小,织物毛效上升。但轧点压力过大,则轧车变形明显,影响轧车使用寿命;轧点压力过小,则织物带水过多,盛液槽的液面高度下降过快,影响织物整理的均匀程度,增加定形机烘燥压力,引起车速降低,生产效率下降。表 5-32 中的数据表明,轧点压力在 0.2MPa 到 0.4MPa 之间,可以保证织物良好的吸湿整理效果。根据加工量配制整理工作液是节约吸湿整理剂最好的方法之一。了解定形机头化料桶的体积,是配制整理工作液的基础。以配制 7g/L 的吸湿整理工作液为例,有效体积为 300L 的化料桶需要加入 2 100g 的吸湿整理剂。一般情况下可以使用体积为 1 000mL 的塑料量杯完成上述操作。轧辊下方的盛液槽的体积一般在 100L 左右,把化料桶内的整理液打入盛液槽,并始终保持盛液槽内液面的高度一致,是保证织物吸湿整理效果前后一致的基础。在定形速度不变的前提下,盛液槽的液面高度决定了织物吸附吸湿整理剂的时间长短。保持盛

液槽液面高度的一致性对于稳定织物的吸湿效果非常重要。随时观察液面高度,及时补充盛液槽内整理工作液的数量,对于保证液面高度至关重要。在整理加工操作的间隙,及时配制化料桶内的整理液,可提高涤纶机织物吸湿整理的生产效率。既然浸轧法是最常用最方便的吸湿整理方法,那么工作液的 pH 值的变化对织物吸湿整理效果的影响如何呢?表5-33给出了浸轧法整理时工作液的 pH 值对织物吸湿效果的影响。表中的 pH 值用醋酸调节。表中数据说明,吸湿整理剂力威龙-N 在使用时其介质的酸碱度对整理效果影响不大,当 pH 值在弱酸性条件下时,整理的效果最好。

表 5-33　不同 pH 值对整理效果的影响

pH 值	3	4	5	6	7	8	9
经向毛效高度(cm)	9.8	10.1	10.1	9.8	9.8	9.8	9.6

(3)定形工艺参数

一般情况下织物在定形整理时的门幅、温度和车速是最重要的三个工艺参数。而对于涤纶机织物的吸湿整理来说,讨论定形温度和定形车速对整理效果的影响更具实际意义。无论是哪一种整理方法,定形都是最后一道工序。定形温度是最活跃的工艺参数。普通涤纶成品定形时,温度可以达到200℃以上。涤纶织物在进行吸湿整理时,定形温度对吸湿整理效果的影响见表5-34。试验时织物规格同表5-27,整理剂用量为 5g/L,试样尺寸为 10cm×10cm;二浸二轧,轧点压力为 0.3MPa;预烘温度110℃,时间 120s,焙烘时间为 90s。表5-34中的数据表明,定形温度越高,吸湿效果越差,超过175℃以后,织物的吸湿性下降明显。但定形温度过低,涤纶机织物的尺寸稳定性会受到影响,所以170℃时适当降低定形车速,可以保证获得较好的吸湿整理效果。

表 5-34　定形温度对整理效果的影响

焙烘温度(℃)	145	150	155	160	165	170	175	180
经向毛效高度(cm)	11.4	11.6	11.8	11.7	11.3	10.8	10.3	9.5

力威龙-N 吸湿整理剂在染色同浴法整理时的用量为 2~3g/L,浸渍法整理时为 3~4g/L,浸轧法整理时为 6~8g/L,都有较明显的吸湿效果。使用时介质的 pH 值为弱酸性可以提高整理效果。浸轧法是最简便的整理方法,轧点压力在 0.3MPa 到 0.4MPa 之间,定形温度在 170℃到 175℃之间,可通过调整定形车速来稳定织物的门幅和尺寸。

7. 吸湿整理剂应用实验

根据本任务的主要内容,参阅附录中实验 9 的有关内容,独立设计实验方案,比对不同吸湿整理剂的基本性能。

任务 7:阅读资料

基本要求:

在本书的最后,向读者推荐防螨抗菌整理和多功能整理两篇阅读资料。通过阅读本资料,可以对织物的卫生整理和多功能整理有比较全面的了解。

1．防螨抗菌面料的开发

（1）前言

随着生活水平的不断提高，人们对服用纺织品的质量要求由传统的实用、美观、耐用趋向于更加重视安全和卫生，同时更加注意自身居住的家居生活环境，包括床垫、床罩、被褥、枕头、窗帘、地毯等床上用品。使用由防螨纤维制成的纺织品和家居用品，不仅可以起到抑螨、杀螨的作用，有效防止与螨虫有关的皮肤病、哮喘病的发生，还可达到明显改善人们生活环境的目的。

在一般家庭中螨虫和其他微生物共生的现象是普遍存在的。人体每晚脱落的干皮屑，大部分都落到床上，足够喂饱成千上万只螨虫。而螨虫，特别是尘螨，是哮喘病和鼻炎的主要过敏源。螨虫是一种对人体健康十分有害的生物，能传播病毒、细菌，可引起支气管哮喘、鼻炎、皮炎、毛囊炎、疥癣等多种疾病。据资料显示，有 60% 的哮喘病人对尘螨产生过敏反应。我国的哮喘病发病率很高，是第二大呼吸道疾病。尘螨是一种类似蜘蛛及头虱的生物，身长只有三分之一毫米，肉眼根本看不见。尘螨不咬人，但却无处不在，比如床垫、地毯、窗帘、衣服，甚至小孩玩具，都可能是其繁殖地。同细菌相比，由于螨虫的形体较大，所以具有抗菌性的纺织品不一定具有抗螨性。反过来说，具有抗螨性的纺织品却具有一定的抗菌性。

粘胶纤维与天然棉纤维有相似的特性，具有较好的可纺性，织物柔软、光滑、透气性好、穿着舒适、染色后色泽鲜艳、色牢度高。粘胶长丝织物质地轻薄，可织制被面、针织服装和装饰织物等，广泛用于家纺用品。

（2）防螨粘胶长丝的开发及纤维性能

① 防螨机理

把防螨剂加入纺丝过程并纺出纤维，是开发防螨抗菌纤维的主要手段。纤维和纺织品的防螨加工方法选择最多的是后整理和共混改性。防螨抗菌机理主要包括以下四个方面：

A．干扰细胞壁的合成：细菌细胞壁的重要组分为肽聚糖，抗菌剂对细胞壁的干扰作用，主要可抑制多糖链与四肽交联而有连结，从而使细胞壁失去完整性，失去了对渗透压的保护作用，损害菌体而死亡。

B．可损伤细胞膜：细胞膜是细菌细胞生命活动的重要组成部分。因此，如细胞膜受损伤、破坏，将导致细菌死亡。

C．抑制蛋白质的合成：使蛋白质的合成过程变更、停止，而使细菌死亡。

D．干扰核酸的合成：阻碍遗传信息的复制，包括 DNA、RNA 的合成以及 DNA 模板转录 mRNA 等。

② 对防螨抗菌剂的要求

纺织用防螨抗菌剂必须满足如下条件：

A．可与人接触，特别是对过敏性体质的人和婴儿，无过敏反应和无刺激性。

B．对尘螨有高度活性，具有良好的抗菌性能。

C．防螨效果好且能承受加工条件，加工后无色变现象，无臭味。

D．与粘胶共混时相容性好，与其他助剂的配伍性好。

F．耐酸碱性，耐洗涤和耐气候性良好。

③ 工艺路线

防螨抗菌粘胶长丝的加工在粘胶长丝纺丝机上进行。要获得性能良好的防螨抗菌粘胶长丝必须突破三个技术难点:(A)防螨抗菌剂浆液本身性能稳定、高效、安全,防螨和抗菌活性相互不干扰,乳化、分散良好,浆液透明均匀;(B)防螨抗菌浆液与粘胶共混的性能稳定、均匀;(C)在大规模生产线上的纺丝成形路径要最短,避免造成生产线上的工艺管路污染,而且要柔性化,可按品种不同、规格不同、产量不等随时进行生产。

工艺路线采用纺前与防螨抗菌剂共混,通过纺前注射、静(动)态混合纺丝成形,再经后处理、烘干、定形、分级、打包而得成品。具体的纺丝工艺条件如表 5-35 所示。纺丝丝饼在淋洗后处理生产线上进行水洗、脱硫、盐酸洗,再水洗、上油后处理,然后烘干、丝饼物理检验、成筒。

表 5-35 防螨粘胶长丝的主要纺丝工艺指标

序号	项目	指标	备注
1	粘胶浆粕	木 浆	—
2	纺丝胶组成(%)	α-Cell:8.15±0.02 NaOH:6.0±0.1	—
3	纺丝胶熟成度	8.50~8.60	—
4	纺丝胶粘度(s)	33~35	落球粘度
5	纺前胶脱泡时间(h)	20~24	—
6	真空度(MPa)	0.094	—
7	熟成间温度(℃)	18±1	脱泡桶采用保温
8	熟成间相对湿度(%)	75±1	工艺不要求
9	纺丝凝固浴组成(g/L)	Na_2SO_4:263±2 H_2SO_4:128±1 $ZnSO_4$:12±1	—
10	凝固浴温度(℃)	50±0.5	—
11	纺丝机型号	R531 型	—

④ 纤维的防螨、抗菌效果的测定

A. 纤维防螨效果的测定:防螨抗菌粘胶长丝样品由解放军医学科学院微生物流行病研究所检测,采用大阪府立公共卫生研究所试验方法[1]。尘螨代表种为粉蛛螨(Dermatophagoides Farinae)。

B. 纤维抗菌性能的测定:防螨抗菌粘胶长丝的抗菌率由上海工业微生物研究所检测中心、通标标准技术服务有限公司(瑞士)上海分公司(SGS),按 GB 15979—2002 标准进行检验。

⑤ 防螨抗菌粘胶长丝的性能

A. 物理机械性能:防螨抗菌粘胶长丝送浙江省纤维检验所检验,测得的物理机械性能指标如表 5-36 所示。防螨抗菌粘胶长丝由浙江省纤维检验所按照 GB/T 13758—92 标准进行检验,质量指标符合一等品。

表 5-36　防螨抗菌粘胶纤维的物理机械性能

检验项目	要求值	（A1)实测值	（A2)实测值	（A3)实测值
线密度(dtex)	277.8	281.3	280.8	247.3
线密度偏差率(%)	±2.5	1.3	1.1	−1.3
线密度 CV 值(%)	≤3.5	0.57	0.44	0.53
干强(cN/dtex)	≥1.47	1.73	1.82	1.73
湿强(cN/dtex)	≥0.67	0.78	0.84	0.80
干断裂伸长率(%)	16.0~25.0	23.9	23.2	22.0
干断裂伸长率 CV 值(%)	≤9.00	1.66	1.80	2.81
捻度 CV 值(%)	≤16.00	4.71	9.40	4.08
单丝根数偏差率(%)	≤2.0	−2.0	0	0
残硫量(mg/100g)	≤12.0	5.1	4.4	8.0
染色均匀性(灰卡)(级)	≥3~4	4	4	4
外观	符合标准	符合标准	符合标准	符合标准

　　B. 防螨性能:防螨抗菌粘胶长丝样品的防螨性能经中国人民解放军医学科学院微生物流行病研究所检测。防螨抗菌粘胶长丝样品(散纤)的防螨性能参见表 5-37。其中:AMB-1采用 AMB-HG-1 防螨抗菌剂,其余为 AMB-HG-2 防螨抗菌剂。AMB-4 中防螨抗菌剂的含量与其他相比略偏低。由表 5-37 可以看出防螨抗菌粘胶纤维,无论是有光长丝还是无光长丝,对螨虫的驱避率均在 88% 以上。

表 5-37　防螨抗菌粘胶长丝样品的防螨性能

样　品	AMB-1	AMB-2	AMB-3	AMB-4	AMB-8
驱避率(%)	99.5	100	100	88.4	99.2
备　注	无光丝	有光丝	有光丝	有光丝	有光丝

　　C. 抗菌性能:防螨抗菌粘胶纤维的抗菌性能经上海工业微生物研究所检测中心、SGS通标标准技术服务有限公司(瑞士)上海分公司,按 GB 15979—2002 标准检验,测试结果如表 5-38 所示。测定方法按 GB 15979—2002 国家标准(C5 方法)(抑菌率差值合格标准值为≥26%);水洗按 JIS L0217 103 号 JAFE 标准洗涤。由表 5-38 所示,防螨抗菌粘胶长丝的抗菌率均大于 90%,抗菌效果优良,且耐水洗性好。

表 5-38　防螨抗菌粘胶纤维的抗菌性能

杀菌率	水洗前		20 次水洗后	
	24h 抗菌率(%)	1h 抑菌率差值(%)	24h 抗菌率(%)	1h 抑菌率差值(%)
样品号	金黄色葡萄球菌	大肠杆菌	金黄色葡萄球菌	大肠杆菌
AMB	99.7	36.7	99.7	27.5

　　D. 安全性能:防螨抗菌粘胶长丝的安全性能由上海市疾病预防控制中心所属上海市产品毒性质量监督检验站进行检验。防螨抗菌粘胶长丝的毒性检验,按《消毒技术规范》卫生部 2002 标准进行。皮肤刺激检验结果见表 5-39。由表 5-39 可见,防螨抗菌粘胶长丝对人体的皮肤无刺激,因此该纤维是安全的。

表 5-39　防螨抗菌粘胶纤维的毒性检验

检验项目名称及单位	技术要求	检验结果	单项判断
家兔皮肤刺激试验分值	0~0.5	0	无刺激性

E.耐水洗性:防螨抗菌粘胶长丝的耐水洗性能见表 5-40。由表 5-40 可见,水洗对防螨抗菌粘胶长丝的防螨性能影响不大。

表 5-40　防螨抗菌粘胶长丝的耐水洗性能

试　样	AMB-1	AMB-2	AMB-3	AMB-5 (20 次水洗)	AMB-6 (20 次水洗)	AMB-7 (20 次水洗)
驱避率(%)	99.5	100	100	99.4	98.6	98.5
备　注	无光丝	有光丝	有光丝	无光丝	有光丝	有光丝

(3) 防螨粘胶长丝的应用

① 织物设计

选用 AMB-HG-1 防螨抗菌剂作为纺丝的共混物,加工成 166.7dtex 和 277.8dtex (250D)防螨粘胶长丝。用 166.7dtex 防螨粘胶长丝与 145.8dtex(40s)棉纱合股做经纱,用 277.8dtex 防螨粘胶长丝做纬纱,按照不同组织结构织造坯布,经染整加工以后的相关数据见表 5-41。由表 5-41 可以看出:不同组织结构的织物,其防螨性能有所变化。这与防螨抗菌纤维的比例有关,纤维用量大,防螨效果提高。防螨性能与织物的致密度有关,织物的致密度高,防螨效果好。

表 5-41　防螨抗菌纤维(织物)染色后的防螨性能

试　样	原　料	上机密度 (根/cm)	组织	坯布防螨率(%)	色坯防螨率(%)
AMB-1	经向:166.7dtex 防螨粘胶与 145.8dtex 棉纱合股 纬向:277.8dtex 防螨粘胶	50×27	$\frac{3}{1}$ 左斜	93.8	87
AMB-2	甲经:277.8dtex 防螨粘胶 乙经:145.8dtex 棉纱 纬向:277.8dtex 防螨粘胶	50×29	$\frac{3}{1}$ 左斜	84.36	88
AMB-9	经向:166.7dtex 防螨粘胶与 145.8dtex 棉纱合股 纬向:277.8dtex 防螨粘胶	39×38	$\frac{2}{1}$ 左斜	93.5	80.2
AMB-11	经向:166.7dtex 防螨粘胶与 145.8dtex 棉纱合股 纬向:277.8dtex 防螨粘胶	26×46	$\frac{5}{3}$ 缎纹	83.0	83.2

② 染色

染色方法:一浴两步法浸染。

浴比:1:12　　　　盐:40g/L　　　　纯碱:17g/L

染料:根据客户来样颜色决定活性染料的品种和加入量。

染色设备:常温绳状溢流染色机。

染色工艺流程示意图见图 5-2。

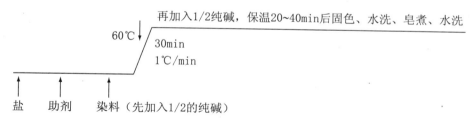

图 5-2 染色工艺流程示意图

为了适应小批量多品种,面料的前处理也可以在常温绳状溢流染色机中进行。常规的煮练漂工艺对粘胶纤维的防螨抗菌性影响很小。染色温度和固色温度因染料而异。皂煮以后的水洗、脱水、烘干等工序的工艺条件和工艺参数与棉布加工类似。染色对织物的防螨性能影响不大,但染色工艺条件必须严格控制,尤其是染整工艺中对织物的前处理,选择的工艺条件和工艺参数要适合于粘胶纤维。只要粘胶纤维存在,其防螨抗菌的性能就存在。通过细旦的聚酯长丝与加强捻的防螨抗菌粘胶长丝交织,不仅可以提高面料的强度,还可以提高面料的硬挺度。但是,如果通过碱减量的方法来改善这类织物的手感,若工艺控制不当,很有可能对粘胶长丝造成剧烈的损伤,从而减弱织物的防螨抗菌性。

③ 面料的应用

浙江恒逸新合纤面料开发股份有限公司用上述面料先后开发了床上七件套、窗帘、浴巾、沙发靠背、墙布、沙发套、坐垫、茶巾、餐巾、围裙、套袖、台布、桌布、手帕和席梦思床垫外用材料等 20 多种新产品。以家纺产业用为核心的防螨抗菌面料已经逐渐被广大消费者接受。改善家居环境,提高生活质量,业已成为普通百姓的追求目标。总之,防螨抗菌家纺面料具有广阔的市场前景。南通作为我国重要的家纺生产基地,理应为家纺业新品开发做出更大的贡献。南通纺织职业技术学院在这方面也做出了积极的探索。校企联合、优势互补的双赢局面逐渐形成。

用防螨抗菌剂作为粘胶长丝添加剂,与粘胶共混纺丝,其可纺性良好。粘胶长丝具有优异的防螨和抗菌性能。纤维对人体皮肤无刺激,防螨效果与染色工艺无关,20 次水洗之后螨虫驱避率、抗菌率基本不变。由防螨抗菌纤维制成的纺织品和家居用品,不仅可以抑螨、驱螨,有效防止与尘螨有关皮肤病的发生,还可以抗菌、抑制细菌的繁殖,从而可以明显改善人们生活环境。

2. 涤纶特黑织物的联合整理

(1)前言

用一种整理剂赋予织物两种以上的功能,这样的整理剂属于多功能整理剂。同时,这样的整理过程也被称为织物的多功能整理或联合整理。通常,多功能整理剂可通过复配方式,更好地发挥各种整理剂的"协同效应"。对于涤纶而言,硬挺、耐磨、染色性能良好是优点,易产生静电、易吸引灰尘、易起毛起球则是其缺点。黑色织物很难染深是染色的难点,虽然可通过增深剂提高黑度,但增深剂效果越好,成本就越高。如对涤纶特黑机织物进行某种整理时,还能赋予或改善其他性能,则也属于涤纶特黑机织物的联合整理。

(2)联合整理的基本要求

① 舒适性

赋予织物舒适性是联合整理的基本要求。柔软性、回弹性、透气性、吸湿排汗性,都是舒适性的具体体现。无论是针织物还是机织物,无论是内衣还是外衣,无论是工作装还是休闲装,若能给着装者以棉织物般干爽的触感,那将使着装者感到非常舒服。

② 简便性

加工工艺简单方便,具有稳定的再现性,加工设备比较简单,是对联合整理的另一个基本要求。操作简便,可充分利用现有染整设备实现工艺目的,与常规工艺路线的重合性比较好,工艺条件和工艺配方不复杂,就意味着加工效率较高。

③ 持久性

整理效果的持久性,是维护消费者合法权益的主要体现。洗涤家用纺织品和服装,是保持纺织品清洁的主要方法。耐水洗性,是保持整理持久性的主要指标。水洗 30 次以上,整理特性仍保持 80%,那么,消费者将会受益。

(3)特黑机织物联合整理

涤纶特黑机织物的整理主要有两个方面,一方面是赋予织物新的功能,如阻燃整理、防紫外线整理、防螨抗菌整理、驱蚊整理、芳香整理和其他功能整理等;另一方面是以改善涤纶的缺点为主要目的的整理,如柔软整理、仿真丝整理、吸湿整理、增深整理和抗静电整理等。在涤纶特黑织物的日常整理过程中,上述两方面的整理以后者居多。进行这些整理时,总会以其中某种整理为主要目的。如果在进行某种常规整理的同时,能够改善涤纶织物的其他性能,那将起到事半功倍的作用。

① 柔软整理的影响

涤纶织物的主要缺点之一是过于硬挺。柔软整理是改善涤纶机织物手感最常用的方法之一。虽然仿真丝整理也可以明显地改善涤纶机织物的手感,但相对于柔软整理而言,涤纶强捻机织物的碱减量加工工艺更复杂一些。这里先来讨论涤纶机织物柔软整理时可改善涤纶机织物其他性能的可能性。涤纶机织物的柔软整理大多通过定形前浸轧柔软剂来完成。常用的柔软剂种类很多,最常用的就是有机硅柔软剂。如果在选择柔软剂时有意识地考虑到,在改善涤纶机织物手感的同时,还可改善织物的吸湿性或增深性,就一定会达到联合整理的目的。表 5-42 给出了北京度辰公司的亲水性有机硅柔软剂与普通有机硅柔软剂在柔软整理以后对涤纶特黑机织物的手感、吸湿性和增深性的影响。

用滑爽性和柔软性来表示柔软剂的基本性能。参照 FB W04003 标准,用如图 2-1 所示的测试仪器检测柔软剂的滑爽性和柔软性。仪器平台前斜面与底面成 41.5°夹角,试样压板长 15cm、宽 2.5cm,可带动试样同步移动。织物规格为 33.3tex 涤纶 DTY 平纹黑色箱包布,整理条件如下:柔软整理剂 8g/L,二浸二轧,轧点压力 0.35MPa,焙烘温度 180℃,时间为 120s。

检测滑爽性的试样尺寸为 2.5cm×15cm,经纬各 5 条。实验结果取 5 次测试结果的平均值。将被测织物平贴于平台表面和压板底面,使被测织物相对。固定实验仪器的斜面端,让压板刻度归"0"。慢慢抬起装置的直角后端,至压板开始滑动时,测量斜面端与水平桌面的夹角 θ,5 只试样每次数值的平均值为该试样的一次读数。静摩擦系数的数值越大,试样的滑爽程度越低。表 5-42 中,对比样 A 为国产普通有机硅柔软剂。

表 5-42　不同柔软剂对涤纶特黑机织物其他性能的影响

序　号	柔软剂	滑爽性（经向）	柔软性（经向）	吸湿性（毛效）	增深性（K/S）
1	空　白	1.69	45mm	2.7cm	34.95
2	度辰 DN-9081	1.47	34mm	6.1cm	45.71
3	对比样 A	1.52	36mm	3.4cm	38.14

　　检测柔软性的试样尺寸为 2.5cm×15cm，经纬各 5 条。实验结果取 5 次测试的平均值。测试仪器的平台一侧有标尺，可测量试样伸出长度。数值越小，试样的柔软性越大。参照 FZ/T 01071 标准测试 30min 之内液体在试样上爬升的高度，可表示试样的吸湿能力。试样尺寸为 25mm×300mm。织物的表面深度值 K/S 的变化可以描述织物的颜色变化，测量仪器为 Datacolor SF-600X 型测色仪。在比较织物深度变化时，仅以连续曲线的最大值（580nm 处）一组数据为例来说明。表 5-42 中的数据说明，选择亲水性柔软剂不仅可以明显改善涤纶特黑织物的手感，还可明显改善织物的吸湿性，增加织物的深度。选择这样的整理剂对涤纶特黑机织物进行柔软整理可以明显提升织物的附加值。利用具有优良性能的整理剂，可明显改善涤纶织物的多种性能，这样的整理可以算作对织物的多功能整理。

　　② 吸湿整理的影响

　　用吸湿整理剂对涤纶特黑机织物进行吸湿整理，整理后织物的各项性能发生了变化。吸湿整理由杭州美高华颐化工公司提供，具体数据见表 5-43。织物规格与整理工艺条件同表 5-42，织物的颜色、吸湿性、柔软性和增深性的测试亦同表 5-42。织物吸水速度的测定方法如下：用吸管滴一滴水在织物上，测试水滴完全扩散开所需要的时间，以秒记。试样尺寸一般为 10cm×10cm。

表 5-43　吸湿整理对涤纶特黑机织物其他性能的影响

序号	吸湿整理剂	吸湿性（毛效）	吸水速度（s）	柔软性	增深性（K/S）
1	空　白	2.7cm	14	45mm	34.95
2	力威龙-N	6.7cm	1	37mm	49.22
3	对比样 B	5.4cm	2	39mm	44.32

　　涤纶机织物的吸湿整理当然以提高和改善织物的吸水性能为主要目的。在考量织物毛效的同时也可通过测量织物的吸水速度，来鉴别吸湿整理剂的整理效果。在吸湿整理的同时还可改善织物的手感，提高特黑织物的表面深度。表 5-43 中，对比样 B 为其他公司生产的亲水性柔软剂。

　　③ 增深整理的影响

　　通过增深剂对涤纶特黑机织物进行增深整理，是黑色涤纶机织物常用的整理方法之一。特黑涤纶机织物增深前后在不同波长下的 K/S 值如表 5-44 所示。表中所用的增深剂为韩国某公司生产的涤纶专用增深剂。织物规格同表 5-42，整理条件如下：增深整理剂 4g/L，二浸二轧，轧点压力 0.35MPa，焙烘温度 180℃，时间为 120s。

表 5-44　增深前后织物在不同波长下的 K/S 值

波长(nm)	增深后					烘干后未增深				
410~450	52.89	50.05	50.35	51.93	52.32	34.23	33.45	33.45	34.07	34.23
460~500	52.05	52.95	52.44	52.97	52.21	34.06	34.89	34.15	34.95	34.30
510~550	52.91	52.18	52.03	51.17	50.76	34.70	34.60	34.68	34.38	34.06
560~600	51.18	53.46	53.82	52.42	51.12	34.17	35.30	34.95	34.53	33.64
610~650	50.29	50.20	50.87	50.32	48.81	33.12	32.81	32.97	32.75	32.02
660~700	48.73	47.02	41.54	30.15	20.81	32.04	31.78	30.38	26.15	19.71

通过对比表 5-44 的数据,可清楚看到:在 410nm 到 700nm 之间,增深整理后织物在相同波长下的 K/S 值均明显高于未增深产品,在 580nm 处达到最大值。K/S 在何处出现最大值主要与织物的染色配方有关。通过在涤纶黑色机织物表面覆盖低折射物质的整理方法来提高织物的表面深度,效果明显。用 WZS-1 型阿贝折光仪测得有机氟的折射率(n_D^{20})为 1.38,有机硅的折射率为 1.43,所以在防水整理和柔软整理时,都可以提高涤纶特黑机织物的表面深度。表 5-45 列出了增深整理剂对涤纶机织物其他性能的影响。表中的对比样 C 为国内某地生产的涤纶增深整理剂。增深前后表面深度的变化仍取 580nm 处的数据。

表 5-45　增深整理对涤纶特黑机织物其他性能的影响

序号	吸湿整理剂	增深前 K/S	增深后 K/S	柔软性(经向)	滑爽性(经向)
1	空　白	34.95	—	45mm	1.69
2	韩国产增深剂	34.95	53.82	40mm	1.51
3	对比样 C	34.95	50.51	38mm	1.57

表 5-45 中的数据说明,在涤纶黑色织物增深整理时,可较好地改善成品手感的柔软性和滑爽性。如果客户提出增深整理后织物的手感不够理想,可以通过在增深整理剂中添加适当的柔软剂来调整织物手感。

④ 仿真整理的影响

仿真整理是强捻涤纶机织物通过碱减量获得真丝般手感的加工过程。碱减量从涤纶纤维的表层开始,涤纶纤维在高温湿热液碱的作用下产生"剥皮"现象,使纤维变细。从而增加了纱线之间移动的空间,降低了纱线的刚性,在外力作用下织物的手感表现出良好的柔软性和回弹性。若涤纶织物的捻度越高,要想获得良好的手感,则必须提高减量率。但减量率过高,织物的强力会受到较大影响。减量之目的是赋予涤纶机织物适当的手感。因减量发生在染色之前,故属织物的前整理。由于减量后纤维表面产生坑洼不平的现象,虽纤维表面的坑洼大小与深浅不能有效控制,但坑洼不平的纤维表面可以增加织物的漫反射,从而加深织物的视觉效果。如果涤纶织物经过减量后再进行适当的其他整理,如具有增深效果的柔软整理等,就可以更好地展现减量的作用。

⑤ 抗静电整理的影响

与吸湿整理的基本原理类似,聚醚酯类抗静电剂的分子结构中具有与涤纶相似的结构,可与涤纶共熔共晶,体现良好的耐久性。表 5-46 给出了此类整理剂对涤纶黑色机织物进行抗静电整理后对织物其他性能产生的影响。织物规格同表 5-42,试样尺寸为 4cm×8cm,测试样放置在相对湿度为 30％～40％、温度为 20±2℃的大气条件下调湿平衡 3h 后,用感应式静电测试仪测试半衰期。半衰期越小,抗静电效果越好。整理工艺条件如下:整理剂 3g/L,pH＝4,二浸二轧,110℃预烘 60s,165℃焙烘 90s。

表 5-46　抗静电整理对涤纶机织物其他性能的影响

序号	整理剂	半衰期(s)	表面深度 K/S	柔软性(经向)
1	空　白	17.27	34.95	45mm
2	聚醚酯类抗静电剂	1.18	42.51	41mm
3	普通型抗静电剂	2.49	35.67	43mm

抗静电整理前后织物的表面深度值 K/S 发生了变化。经抗静电整理后有增深效果,是因为涤纶纤维本身的折射率高,而该聚醚酯类抗静电剂用 WZS-1 型阿贝折光仪测得的折射率(n_D^{20})为 1.54,因此整理后,在织物表面形成了一层低折射率的树脂薄膜,从而改变了射入纤维的光的折射率,相应地降低了染色涤纶织物的折射率,使织物的颜色变深。表 5-46 中的数据表明,抗静电整理对织物的柔软性影响不大。

由于黑色是最深的颜色,所以在讨论涤纶机织物联合整理的过程中必须考虑到分散染料在热定形时的热迁移性。阳离子型的整理剂对分散染料的热迁移性影响最大。分散染料本身的结构对其热迁移性的影响是最直接的。染色工艺流程和工艺条件的选择,对涤纶特黑机织物的联合整理效果也具有明显的影响。如预缩、预定形的工艺条件,对涤纶纤维结晶度的影响会直接影响织物的染色性能和减量工艺的确定。而整理剂的配方、整理时的轧车压力、定形的速度和温度、定形的张力等因素,对织物性能的影响都是直接的。为了改善涤纶特黑机织物的性能,需要经常对织物进行常规整理。在进行某项常规整理时,需要考虑对织物其他性能的影响。在加工过程中合理地选择整理剂,合理地制定工艺流程,合理地选择工艺条件,都会对涤纶特黑机织物的其他性能产生积极的正面影响。

复习指导 ≫

1.纺织品整理通常发生在染色之后或染整加工的后半段,习惯上人们称之为后整理,其主要目的是赋予纺织品新的特性和功能,提高产品的附加值,改善服用性能。除了磨毛、预缩、抛松等机械加工以外,纺织品的后整理大多通过整理剂赋予织物新的特性。这种整理方式也被称为化学整理。

2.棉织物的树脂整理是最古老的整理技术,可以提高织物的抗皱性能和尺寸稳定性。整理剂的环保性是加工中必须注意的地方,游离甲醛含量的问题,已逐渐成为纺织品贸易摩擦的新焦点。使用无醛整理剂是唯一出路。在整理中适量加入柔软剂,可以改善织物手感,降低织物强力损伤。

3.柔软整理是纺织品后整理加工中数量最多的整理方式,因此柔软剂的用量大,品种多。以有机硅柔软剂为代表的新型柔软整理剂,已经成为染整助剂大家庭中的新贵。用简单有效的方法判定柔软剂的基本性能,比较柔软剂的综合指标,是染整助剂应用中的基本技能。在使用柔软剂时必须考虑柔软剂的离子类型对产品颜色的影响。

4.纺织品的阻燃整理直接关乎广大人民群众的生命和财产安全,不能在提高纺织品阻燃性能的同时,忽略阻燃剂的安全性。根据纺织品的用途确定阻燃织物的耐久性能,可以降低阻燃加工成本。知道阻燃机理和常用阻燃剂的分类方法,有助于阻燃整理剂的应用。阻燃效果的测定方法相对简单。

5.涂层整理技术日臻成熟以后,逐渐从原来的防水整理中分离出来,防水整理也就更多地被称为拒水整理。防水透湿薄膜技术的不断成熟,极大地促进了新型整理技术的进步。含氟系列整理剂的涌现,推动了纺织品防水防油技术的发展,使涤纶混纺面料的"三防"加工方兴未艾。透气性检验逐渐成为防水防油整理效果的重要指标。

6.从增深整理的基本原理可以知道,增深整理技术是物理整理方法和化学整理方法的综合。不仅涤纶黑色织物需要增深整理,高档的黑色羊毛织物更需要增深整理。通过电子测色系统测量整理前后的织物表面深度变化,就可以判定增深整理剂的基本效果和整理工艺的合理性。结合染整工艺来优化整理工艺是提高整理效果的有效途径。

7.涤纶纤维的最大缺点就是吸湿性差。通过改善涤纶纤维的吸湿性,可以明显提高涤纶混纺织物的服用性能。优良的吸湿整理剂,不仅要赋予织物良好的吸湿性、优良的手感,还要最低限度地影响织物的颜色。可参照检测柔软剂的基本方法来测量吸湿整理剂改善织物手感的程度。通过测试织物毛细管效应的变化判定织物吸湿性的变化。吸湿整理效果的耐久性可通过洗涤试验加以验证。当目测织物颜色变化不明显时,可通过电子测色系统测量织物表面深度的变化。

思考题:

1.如何验证树脂整理对棉织物硬挺程度的影响?

2.如何测量树脂整理对棉织物强力的影响?

3.各国对纺织品中游离甲醛的含量是如何规定的?如何降低织物中的甲醛含量?

4.简述阳离子型柔软剂对深色涤纶织物色变稳定性的影响。

5.如何判断柔软整理的基本效果?

6.如何降低柔软整理时出现"柔软迹"疵点的机会?

7.什么是织物的"三防整理"?如何实现纺织品的"三防整理"?

8.如何判断整理剂的防水防油效果?

9.在储存防水防油整理剂时应该注意哪些问题?

10.常用的阻燃剂如何分类?阻燃剂的阻燃机理如何?

11.如何测试织物的阻燃效果?在选用阻燃剂时应注意哪些问题?

12.涤纶织物增深整理的基本原理是什么?如何准确地判断增深整理剂的效果?

13.吸湿整理可以赋予涤纶织物哪些新的性能?如何测量吸湿整理的基本效果?

14.如何进行纺织品的防螨抗菌整理?

15.如何进行织物的多功能整理?

附录：染整助剂应用实验

专业实验是职业技术教育中的重要环节。通过系统的强化训练，不断提高学生的操作能力，不仅可以较好地培养学生的动手能力，还可以在日常训练中逐渐提高学生理论联系实际和综合运用专业知识的基础研究能力。本附录中列出的 9 个染整助剂应用实验，是根据"染整助剂应用"课程的课程标准编写的典型实验。按照课程标准的基本要求，共安排了 2 个前处理助剂应用实验、2 个染色助剂应用实验、2 个印花助剂应用实验和 3 个整理助剂应用实验。

每个实验主要包括了实验名称、实验目的、实验基本原理、实验基本要求、主要实验仪器和测试方法等内容。本专业的学生经过染整应用化学实验、染整工艺实验和染整助剂基础等多个基础实验以后，已经对纺织品染整加工过程中的各种实验有了比较深刻的理解。这也为染整助剂应用实验奠定了良好的专业基础，使学生在进行本门课程的专业实验时有更大的发挥空间，得以展示自己的综合能力。因此在编写本附录过程中，编者始终按照"仅提供基本资料，由学生自行完成实验设计"的基本思路，以期于通过实验设计，最大限度地挖掘学生的潜力，提升学生的逻辑思维能力。

在每次实验之前都必须要求学生自行设计实验方案，让学生通过实验验证方案的可行性，在实验中修正设计方案，在实验中不断强化训练学生的动手能力，提高操作技能，培养学生求真务实的职业操守，逐渐养成良好的职业习惯，铸就高尚的职业素养。虽然要求每个学生独立完成实验设计方案，但是在实验时可由 2 名学生组成小组，相互协助完成实验过程。这样可以通过实验培养学生的团结协作精神。

在评判学生实验方案优劣时，可以把实验过程的简单性和实验结果的有效性作为最基本的评判标准。因此，通过实验数据和实验结果也可以较充分地体现每个实验方案的优劣。每个实验中提供的实验仪器都是最基本的，因此在每次实验之前可以建议学生在设计实验方案时，尽可能使用以前的专业实验中使用过的仪器和设备。每次实验以比较 2 种染整助剂的优劣为主要目的，所以，每次实验前专业实验室必须提供 2 种以上的助剂，以保证实验的顺利进行。为保证实验方法的多样性，每个实验中都给出了 2 种以上的实验方法。

实验1：棉织物丝光润湿剂基本性能测试

实验目的：

通过实验比较强碱条件下不同润湿渗透剂的基本性能。

实验原理：

棉织物丝光后，不仅可以获得丝绸一样的外观状态，还可以提高染料上染率，提高织物的尺寸稳定性，改善织物手感。丝光过程中，工作液的含碱浓度较高，丝光机车速较快，丝光时间较短，因此要求碱剂必须快速渗透到纤维内部。为提高润湿和渗透速度，丝光时需要加入丝光渗透剂。由于丝光时加入碱剂的数量较多，工艺温度较高，所以要求丝光渗透剂必须耐强碱，耐高温，不起泡，用量少。

实验要求：

1.知道润湿渗透剂筛选的基本原理和方法；

2.学会比较渗透剂性能的基本操作方法；

3.独立设计实验方案，分组实施实验过程；

4.两课时内完成全部实验操作。

实验仪器：

高型烧杯、鱼钩、铁丝架、电炉、秒表等。

实验材料和药剂：

棉帆布坯布、待测润湿剂试样2种。

实验方法：

丝光时使用的渗透剂品种较多，测试方法也较多。常用的有浸没法、帆布沉降法和纱线沉降法。本实验可采用帆布沉降法或纱线沉降法进行润湿剂基本性能检测。

实验报告：

根据实验结果编写实验报告。要求实验过程记录详细、数据准确、结论合理。通过试验步骤、实验数据和实验结论，可充分判定每位同学的实验设计水平和实验设计能力。

实验提示：

帆布圆片直径相同时，其重量也十分接近。帆布圆片在加有浓碱且浓度相同的不同渗透剂溶液中完全浸没后的时间越短，该渗透剂的润湿渗透性越明显。

实验讨论：

1.碱的加入量对润湿剂性能有何影响？

2.帆布圆片的外形尺寸大小对实验数据有何影响？

3.润湿剂的浓度对实验数据有何影响？

4.工作液的温度对测试数据有何影响？

5.帆布圆片的形状对测试数据有何影响？

实验2:双氧水稳定剂性能测试

实验目的:

比较金属离子在棉织物氧漂时对双氧水稳定性的影响,判定双氧水稳定剂的基本性能。

实验原理:

金属离子对双氧水在水中的分解具有明显的催化作用,为了控制双氧水的快速分解,需要在棉织物氧漂液中加入适量氧漂稳定剂。当氧漂液中不存在稳定剂时,在金属离子的作用下双氧水的分解速度明显加快,使棉纤维的强力损伤极大,有可能在织物表面产生小的破洞。

实验要求:

1.通过实验知道稳定剂在棉织物氧漂中的重要作用;

2.通过实验知道金属离子对棉织物氧漂加工的影响。

实验仪器:

量筒、烧杯、0.5mL 移液管、玻璃棒、剪刀、烘箱、电炉或水浴锅、放大镜。

实验材料和药剂:

双氧水、平纹棉织物、双氧水稳定剂、氯化铜溶液、甲醇溶液。

实验方法:

将氯化铜甲醇溶液经 0.5mL 移液管的移取,均匀地滴在两块平纹棉布上,然后对这两块棉布进行氧漂。其中一块棉布的漂液中加入了双氧水稳定剂,而另外一块没有加入双氧水稳定剂。漂白结束后经水洗烘干工序,观察平纹棉织物表面产生破洞的情况。

实验步骤:

1.将 1mL 氯化铜溶液加入 100mL 甲醇溶液中,配得氯化铜甲醇溶液;

2.配制两份氧漂工作液,一份加入氧漂稳定剂,另一份不加;

3.准备平纹棉织物 2 块;

4.将氯化铜甲醇溶液用 0.5mL 的移液管均匀地滴在平纹棉织物上;

5.将滴加氯化铜甲醇溶液的棉织物放入已经配好的两种氧漂工作液中漂白;

6.漂白后水洗、烘干试样;

7.观察试样表面产生破洞的状况;

8.分析和总结实验过程,撰写实验报告。

实验报告:

根据实验结果编写实验报告。要求实验过程记录详细、数据准确、结论合理。通过试验步骤、实验数据和实验结论,判定每位同学的实验设计水平和实验设计能力。

实验提示:

可以根据试样上破洞的有无、多少和大小来判定金属离子对双氧水分解的催化能力,也可以根据试样上破洞的有无、多少和大小来判定双氧水稳定剂对双氧水的稳定性能。

实验讨论：

1.双氧水浓度对实验结果有什么影响？

2.金属离子浓度对破洞的产生有什么影响？

3.双氧水稳定剂的加入量对双氧水氧化性能有何影响？

4.漂液酸碱度对双氧水的漂白效果有何影响？如何调节工作液的酸碱度？

5.如何制定合理有效的氧漂工艺条件？

6.如何定量地描述双氧水稳定剂在氧漂中的重要作用？

实验3:高温匀染剂性能测试

实验目的：

通过移染实验,比较不同的高温匀染剂的匀染效果和移染效果。通过高温染色判定匀染剂的耐高温性。

实验原理：

匀染剂主要有两种类型,一种是亲染料型的,另一种是亲纤维型的,其主要作用是在染色过程中通过与纤维的结合而阻止染料快速上染,或者通过与染料的结合来增加染料的水溶性和相对分子质量,达到缓染和匀染的目的。匀染剂的耐高温性能是高温匀染剂的主要性能之一。分散染料对涤纶织物染色的工艺温度通常为130℃,高温下匀染剂能否在染色中起到匀染作用,必须通过实验验证。

实验要求：

1.通过实验知道高温匀染剂在分散染料染色中的匀染作用;

2.通过沾色染色实验知道匀染剂的移染效果。

实验仪器：

染杯、甘油打样实验机、红外线染色实验机、移液管、烘箱、恒温电熨斗、变色用灰色样卡、沾色用判色样卡、电子测色仪、电子天平、滤纸、烧杯。

实验材料和药剂：

两种以上不同型号的高温匀染剂、中厚型涤纶染色织物、中厚型涤纶白坯布、醋酸、低温型分散染料。

实验方法：

可以通过对涤纶白坯布的染色实验,比较高温匀染剂对染色织物颜色深浅的影响;也可以通过高温匀染剂对涤纶深色织物的移染能力,判定匀染剂的移染效果;还可以通过色布对白坯布在匀染剂作用下的沾色情况,来判定高温匀染剂的移染效果。

实验步骤：

1.称量染色织物重量;

2.配制分散染料溶液;

3.配制高温匀染剂溶液;

4.用甘油打样染色机或者红外线打样实验机作对比实验;

5. 比较织物的颜色变化；

6. 判定高温匀染剂的基本性能；

7. 分析和总结实验过程，讨论有关问题，撰写实验报告。

实验报告：

根据实验结果编写实验报告。要求实验过程记录详细、数据准确、结论合理。通过试验步骤、实验数据和实验结论，判定每位同学的实验设计能力和实验操作水平。

实验提示：

可以根据深色涤纶织物经过匀染剂的移染实验后的颜色变化，判定匀染剂的移染效果；也可根据白坯布的沾色情况，判定匀染剂的移染效果；还可根据染色温度和匀染剂加入量的不同，判定匀染剂的基本性能。

实验讨论：

1. 匀染剂加入量对实验结果有什么影响？

2. 染色温度的不同对实验结果有什么影响？

3. 染色过程中醋酸的作用如何？

4. 涤纶织物色花回修时是否加入醋酸？为什么？

5. 如何使用电子测色系统判定匀染剂的基本性能？

实验 4：剥色剂性能测试

实验目的：

通过剥色实验，比较不同剥色剂的剥色效果和移染效果。

实验原理：

通常在染色加工中经常会出现染色疵点，需要通过剥色回修来消除次品。匀染效果和移染效果特别明显的助剂可以作为剥色剂使用。在剥色时使用匀染剂，其用量往往高于染色工序。

实验要求：

1. 通过实验，知道剥色剂的工艺过程；

2. 通过剥色，实验知道匀染剂的剥色效果；

3. 通过剥色实验，知道常用剥色剂的使用方法。

实验仪器：

染杯、甘油打样实验机、红外线染色实验机、恒温水浴锅、移液管、烘箱、恒温电熨斗、变色用灰色样卡、沾色用判色样卡、电子测色仪、电子天平、滤纸、烧杯。

实验材料与药剂：

保险粉、纯碱、中厚型涤纶染色织物、中厚型涤纶白坯布、全棉染色布、全棉漂白布、醋酸。

实验方法：

可以通过剥色剂对涤纶深色织物的剥色效果，判定剥色剂的剥色性能；也可以通过涤纶色布在剥色剂作用下对白坯布沾色情况,判定剥色剂的基本性能;还可以通过保险粉对棉织物色布的剥色效果,知道常用剥色剂的使用方法。

实验步骤:

1.称量染色织物重量;

2.配制剥色剂溶液;

4.用各种打样实验机作对比实验;

5.比较织物的颜色变化;

6.判定剥色剂的基本性能;

7.判定保险粉的剥色效果;

8.分析和总结实验过程,讨论有关问题,撰写实验报告。

实验报告:

根据实验结果编写实验报告。要求实验过程记录详细、数据准确、结论合理。通过试验步骤、实验数据和实验结论,判定每位同学的实验设计能力和实验操作水平。

实验提示:

可以根据深色涤纶织物经过剥色实验后的颜色变化,判定剥色剂的基本性能;也可根据白坯布的沾色情况,判定剥色剂的剥色效果。

实验讨论:

1.剥色剂加入量对实验结果有什么影响?

2.剥色温度的不同对实验结果有什么影响?

3.保险粉对哪些织物的染色疵点具有剥色效果?

4.如何使用电子测色系统判定剥色剂的基本性能?

实验 5:印花糊料性能测试

实验目的:

通过台板直接印花实验,对所用糊料的基本性能进行综合判断,学会印花糊料的调制方法。

实验原理:

印花色浆必须具有一定粘度,以防止色浆渗透。粘度过大,流变性下降,容易引起花型不全等疵点;粘度过小,流变性上升,容易产生花型渗化等疵点。色浆中的染料、助剂、溶剂等各组分应分散均匀、稳定,而且色浆容易转移,给色性能好。烘干后糊料必须在织物表面形成薄膜,以赋予印花产品适中的弹性,以避免色浆脱离、色浆搭色、花型皱裂和导辊沾色等现象的发生。汽蒸时如糊料吸湿性适中,则便于色浆中染料的转移和固着。印花后如果糊料不易被洗除,则成品手感将很难满足客户要求。

实验要求:

1.通过台板印花实验,知道印花糊料在直接印花中的作用;

2.通过台板印花试验,学会判定印花糊料基本性能的方法。

实验仪器：

花框与花网、刮浆板、烘箱、剪刀、电子测色仪。

实验材料与药剂：

印花糊料、印花色浆、全棉漂白布。

实验方法：

通过比较平行试样正面颜色的区别，可以判定印花糊料的发色性能；通过测定色样的饱和度的差值△Cs，可表示样品与标样之间鲜艳度的差别；通过目测印花花型细微处轮廓线的清晰程度，可以判定印花糊料的尖锐性；通过目测或电子测色系统测量印花织物背面与正面的颜色深度，可判定色浆的渗透性。

实验步骤：

1. 根据印花工艺要求将印花原糊调制成色浆并印花；

2. 对印花试样进行烘干、汽蒸、水洗、皂洗、水洗和干燥；

3. 进行平行实验，通过目测或电子测配色仪器测量印花试样正反面的表面深度值，比较和判断印花糊料的基本性能；

4. 综合判定印花糊料的基本性能；

5. 分析和总结实验过程，讨论有关问题，撰写实验报告。

实验报告：

根据实验结果编写实验报告。要求实验过程记录详细、数据准确、结论合理。通过试验步骤、实验数据和实验结论，判定每位同学的实验设计能力和实验操作水平。

实验提示：

(1) $K/S = \dfrac{(1-R)^2}{2R}$

(2) $\triangle C_s = C_{sp} - C_{std}$

(3) 色浆渗透率 $= \dfrac{织物反面的 K/S 值}{织物正面的 K/S 值} \times 100\%$

实验讨论：

1. 印花糊料在印花加工中的主要作用是什么？

2. 如何综合判定印花糊料的基本性能？

3. 烘干温度对印花试样有什么影响？

4. 在什么情况下使用电子测色系统来判定印花糊料的综合性能？

实验6：涂料印花粘合剂性能测试

实验目的：

用涂料通过台板直接印花方式进行小样实验，对所用粘合剂的基本性能进行综合判断。学会判定涂料印花粘合剂的优劣。

实验原理：

粘合剂在织物上成膜后，必须有一定的机械强度、足够的耐磨性和良好的粘着力，使涂料印花的耐摩擦牢度、耐水浸牢度、耐皂洗牢度能够达到纺织品色牢度的要求。粘合剂乳液在常温下不凝固不沉淀,储存稳定性优良,薄膜透明,不引起色光变化,不影响得色量和颜色鲜艳度。耐光性、耐热性、泛黄性和耐老化性必须得到良好的保证。薄膜对各种化学药剂具有良好的稳定性。正常印花时,常温下不易结膜,不易塞网。

实验要求:

1.通过涂料台板印花实验,知道粘合剂在涂料印花中的作用;

2.通过涂料台板印花试验,学会判定印花糊料性能优劣的方法。

实验仪器:

花框与花网、刮浆板、烘箱、剪刀、电子测色仪。

实验材料与药剂:

粘合剂、交联剂、涂料印花色浆、全棉漂白布。

实验方法:

将涂料印花试样于185℃下用升华牢度仪压烫1min后用灰色沾色分级样卡对印花部位和未印花部位进行评级,可以判定涂料印花的泛黄性。印花产品的摩擦牢度测试可参照一般染色产品摩擦牢度的测试方法。完成一次印花试验后,可将印花网板对准光源,观察其网眼的堵塞状况,再用该网板印花一次。通过比较两次印花所得花型的完整性和涂料浆的渗透状况,判定试样网板的塞网程度。将已知含固量的粘合剂用水稀释至15%含量的溶液。将该溶液用离心分离机以3 000r/min的转速旋转30min。观察此溶液的沉淀状况,通过沉淀物的多少来判定乳液的稳定性。

实验步骤:

1.根据印花工艺要求将涂料、粘合剂、交联剂调制成涂料色浆并印花;

2.对印花试样进行烘干;

3.进行平行实验,并通过目测比较来判断粘合剂的基本性能;

4.综合判定粘合剂的性能;

5.分析和总结实验过程,讨论有关问题,撰写实验报告。

实验报告:

根据实验结果编写实验报告。要求实验过程记录详细、数据准确、结论合理。通过试验步骤、实验数据和实验结论,判定每位同学的实验设计能力和实验操作水平。

实验讨论:

1.粘合剂在涂料印花加工中的主要作用是什么?

2.如何综合判定粘合剂的基本性能?

3.烘干温度对涂料印花试样有什么影响?

4.请设计另一种判定印花涂料塞网性的简易实验方案。

实验7:涤棉织物柔软性能测试

实验目的:

通过柔软剂对涤棉织物的柔软整理,比较织物的柔软效果,判断不同柔软剂的基本性能。

实验原理:

柔软剂的品种较多,常用的有脂肪醇类、有机硅类和改性氨基硅油类。不同的柔软剂适用于不同的织物。各类柔软剂对织物进行柔软整理后,都会改变织物手感。通过测试织物的静摩擦系数,可以判定柔软剂的滑爽性;通过对漂白织物加热,可以判定柔软剂的黄变性。

实验要求:

1.通过实验,知道柔软剂应用的基本工艺流程;

2.通过应用实验,比较柔软剂的综合性能;

3.通过应用实验,知道判定柔软剂黄变性的基本方法。

实验仪器:

烧杯、移液管、烘箱、恒温电熨斗、变色用灰色样卡、沾色用判色样卡、电子测色仪、白度仪、小轧车、塑料直尺、量角器、医用离心机、离心试管、升华牢度测试仪。

实验材料与药剂:

涤棉漂白布、常用的柔软剂三种。

实验方法:

可以通过测试经柔软整理的试样在塑料直尺上开始滑动的角度大小,判定柔软整理后试样的滑爽性,比较柔软剂的基本性能;通过医用离心机的离心转动,判断柔软剂的稳定性;通过检测各种柔软剂对酸碱盐的稳定性,判定柔软剂的基本性能;通过测试试样在升华牢度仪上的黄变性,判断柔软剂的基本性能。

实验步骤:

1.配制柔软剂工作液;

2.检验柔软剂稳定性;

4.检验柔软剂的滑爽性;

5.检验柔软剂的黄变性;

6.比较不同柔软剂的基本性能;

7.分析和总结实验过程,讨论有关问题,撰写实验报告。

实验报告:

根据实验结果编写实验报告。要求实验过程记录详细、数据准确、结论合理。通过试验步骤、实验数据和实验结论,判定每位同学的实验设计能力和实验操作水平。

实验提示:

可以根据试样的静摩擦系数,判定柔软剂的滑爽性;也可以通过手掌的揉捏,判定试样手感的变化。用织物升华牢度仪,在180℃下采用上下一齐加热的方式,对试样静压30s,比较试样加热前后的白度变化。白度变化的检测,可以用白度仪、沾色样卡和电子测色系统。

实验讨论:

1. 柔软剂加入量对实验结果有什么影响?

2. 焙烘温度的不同对实验结果有什么影响?

3. 哪一类柔软剂不适合对全涤深色织物进行柔软加工?为什么?

4. 哪一类柔软剂的黄变比较明显?

实验8:涤纶织物增深整理

实验目的:

通过增深剂对涤纶黑色织物的增深整理实验,判断增深整理剂的基本作用。

实验原理:

涤纶纤维的折射率高于大多数纺织纤维。纤维的折射率越大,反射率也越大。反射率越大,织物的颜色在视觉上越浅。在纤维表面涂敷一层低折射率的物质,可以明显增加该织物在视觉上的颜色深度。

实验要求:

1. 通过实验,知道增深剂的整理工艺;

2. 通过实验,知道增深剂的基本作用;

3. 通过实验,知道增深剂增深效果的基本判定方法。

实验仪器:

恒温水浴锅、移液管、烘箱、恒温电熨斗、变色用灰色样卡、沾色用判色样卡、电子测色仪、电子天平、烧杯。

实验材料与药品:

中厚型涤纶深色织物、涤纶增深剂。

实验方法:

可以通过电子测色系统测量整理前后织物的表面深度值变化,判定增深整理剂的基本作用。如果增深效果明显,也可以考虑用变色用灰色样卡比较整理前后织物的深度变化。

实验步骤:

1. 配制整理液;

2. 浸轧整理液;

3. 烘干试样;

4. 焙烘试样;

5. 比较织物的颜色变化;

6. 判定增深剂的基本性能;

7. 分析和总结实验过程,讨论有关问题,撰写实验报告。

实验报告:

根据实验结果编写实验报告。要求实验过程记录详细、数据准确、结论合理。通过试验步骤、实验数据和实验结论,判定每位同学的实验设计能力和实验操作水平。

实验提示:

可以根据测试的增深实验前后试样的表面深度值绘制曲线,比较曲线上相同波长下织物表面深度的数值,对整理剂做出综合评判。

实验讨论:

1.整理剂加入量对实验结果有什么影响?

2.织物表面残留物对表面深度值有何影响?

3.除了特黑色以外,其他深色可以进行增深整理么?

4.如何判定增深整理的耐水洗性?

实验9:涤纶织物吸湿整理

实验目的:

通过吸湿整理剂应用实验,知道判定吸湿整理效果的基本方法。通过实验比较不同吸湿整理剂的基本特性。

实验原理:

涤纶纤维内部没有活性基团,因此亲水性很差,亲油性较强,在产品加工中容易产生静电,易沾染灰尘;在服用过程中吸湿性差,有闷热不透气的感觉。通过吸湿整理剂可以明显改善涤纶织物的吸湿性能。

实验要求:

1.通过实验,知道吸湿整理剂的使用工艺;

2.通过实验,知道吸湿整理剂的基本效果;

3.通过实验,知道判定吸湿整理剂基本性能的的检测方法。

实验仪器:

烧杯、恒温水浴锅、移液管、烘箱、恒温电熨斗、变色用灰色样卡、沾色用判色样卡、电子测色仪、电子天平、白度仪、秒表、水槽、滴液管、量角器、塑料直尺、织物升华牢度仪。

实验材料与药剂:

中厚型涤纶染色织物,吸湿整理剂。

实验方法:

可以通过检测吸湿整理后涤纶织物的毛细管效应,判定其吸水性能的改变情况;也可以用水滴扩散面积,测量涤纶织物整理后的性能变化;还可以通过手掌揉捏,判定织物的手感变化;并可以用塑料直尺,判定织物静摩擦系数的变化。可以通过检测织物的白度变化,判断吸湿整理剂的黄变性;还可以通过测量织物的色光变化,判断整理剂的色变性。

实验步骤:

1.配制吸湿整理液;

2.浸轧吸湿整理液;

4.烘干试样;

染整助剂应用

168

5.焙烘试样；

6.测试试样的基本性质变化；

7.综合评价不同吸湿整理剂的基本性能；

8.分析和总结实验过程，讨论有关问题，撰写实验报告。

实验报告：

根据实验结果编写实验报告。要求实验过程记录详细、数据准确、结论合理。通过试验步骤、实验数据和实验结论，判定每位同学的实验设计能力和实验操作水平。

实验提示：

可以根据深色涤纶织物表面深度值的变化，判定吸湿整理剂对织物颜色的影响。可以通过各种方法判定织物的毛细管效应的变化，说明吸湿整理剂的基本性能。对于漂白织物白度的变化、颜色变化，可以通过升华牢度仪、白度仪或电子测色系统进行测量。

实验讨论：

1.吸湿整理剂的加入量对实验结果有什么影响？

2.焙烘温度的不同对实验结果有什么影响？

3.轧车压力的大小对实验结果有什么影响？

4.如何测试整理后织物的吸水性能？

主要参考文献

1. 刘国良. 染整助剂应用测试. 北京：中国纺织出版社，2005.

2. 罗巨涛. 染整助剂基础及其应用. 北京：中国纺织出版社，2001.

3. 王祥荣. 纺织印染助剂生产与应用. 南京：江苏科学技术出版社，2004.

4. 蔡苏英. 染整技术实验. 北京：中国纺织出版社，2005.

5. 林细姣. 染整技术(1). 北京：中国纺织出版社，2005.

6. 沈志平. 染整技术(2). 北京：中国纺织出版社，2005.

7. 王宏. 染整技术(3). 北京：中国纺织出版社，2005.

8. 林杰. 染整技术(4). 北京：中国纺织出版社，2005.

9. 郑光洪. 印染概论(第二版). 北京：中国纺织出版社，2008.

10. 刘正超. 染化药剂(修订本). 北京：中国纺织出版社，1995.

11. 范雪荣. 针织物染整技术. 北京：中国纺织出版社，2004.

12. 阿瑟·D·布德罗贝特. 纺织品染色. 北京：中国纺织出版社，2004.

13. 章杰. 纺织品后整理的生态要求. 印染，2006 (1)：45～49.

14. 王晓明. 纤维素酶处理对棉织物染色性能的影响. 印染，2004 (13)：5～7.

15. 杨栋樑. 纤维素酶在染整技工应用中的若干问题（一）. 印染，2004 (1)：43～47.

16. 吕如，樊增禄. 酶处理对棉织物性能的影响. 印染，2004 (1)：18～25.

17. 李允成，徐心华. 涤纶长丝生产. 北京：纺织工业出版社，2002.

18. 吴玉华. 2004 年全国印染行业经济运行情况. 印染，2005 (6)：46～47.

19. 郑光洪，冯西宁. 染料化学. 北京：中国纺织出版社，2005.

20. 赵雅琴，魏玉娟. 染料化学基础. 北京：中国纺织出版社，2006.

21. 王玉枝，蔡炳新，汪秋安. 实用大学化学手册. 长沙：湖南科学技术出版社，2005.

22. 何奕中，聂建斌. 精纺高支轻薄面料综合性能分析. 毛纺科技，2006(5)：52～54.

23. 吴霞世. 新型面料开发. 北京：中国纺织出版社，1999.

24. 罗巨涛. 合成纤维及混纺纤维制品的染整. 北京：中国纺织出版社，2004.

25. 卫霞，李秀琴. 精纺莱卡毛织物的开发与生产. 毛纺科技，2006 (8)：41～43.

26. 邵宽. 纺织加工化学. 北京：中国纺织出版社，2003.

27. 薛迪庚. 织物的功能整理. 北京：中国纺织出版社，2000.

28. 杨栋樑. 纺织品的防螨整理. 印染，2002 (7～9).